河南省**新县**耕地地力评价

新县农业技术推广中心 主编

中国农业科学技术出版社

图书在版编目（CIP）数据

河南省新县耕地地力评价 / 新县农业技术推广中心主编. —北京：中国
农业科学技术出版社，2014.6
ISBN 978-7-5116-1554-1

Ⅰ.①河…　Ⅱ.①新…　Ⅲ.①耕作土壤-土壤肥力-土壤调查-河南县
②耕作土壤-土壤评价-河南县　Ⅳ.①S159.261②S158

中国版本图书馆 CIP 数据核字（2014）第 040762 号

责任编辑　　徐　毅
责任校对　　贾晓红

出 版 者　中国农业科学技术出版社
　　　　　　北京市中关村南大街 12 号　邮编：100081
电　　话　（010）82106631（编辑室）　（010）82109704（发行部）
　　　　　　（010）82109709（读者服务部）
传　　真　（010）82106631
网　　址　http://www.castp.cn
经 销 者　各地新华书店
印 刷 者　北京华忠兴业印刷有限公司
开　　本　787 mm×1 092 mm　　1/16
印　　张　9
彩　　插　26
字　　数　210 千字
版　　次　2014 年 6 月第一版　2014 年 6 月第一次印刷
定　　价　45.00 元

《河南省新县耕地地力评价》
编　委　会

前　言

　　新县地处大别山腹地，鄂豫皖三省结合部，东襟合肥，南视武汉，北达郑州，京九铁路、106 国道、大广高速公路纵贯全境，素有"三省通衢"和"中原南门"之称。新县是一个以林为主的山区县，也是国家扶贫开发工作重点县。全县总面积 1 612km²，耕地园地面积45.1 万亩（1 亩 = 666.7m²，全书同）。全县辖15 个乡镇和 1 个管理区，205 个行政村、居委会，总人口 38 万人，其中，农业人口 28 万人。

　　1983 年新县开展了第二次土壤普查工作，基本掌握了全县的土壤类型、资源数量和分布以及土壤养分含量等情况，为指导全县的配方施肥、低产田土壤改良、农业综合开发及农业生产做出了积极的贡献。随着农业科学技术不断发展和推广应用，农业产业结构、生产条件、施肥品种和方式都发生了改变。农作物的产量提高了、化肥用量多了，但是化肥的增产效益却越来越低，耕地土壤的理化性状、耕地质量及耕层土壤养分含量，也随之发生了不同程度的变化，亟须利用现代科学技术手段对当前的农业土肥资源进行系统的调查、评价。

　　根据上级业务部门的安排，新县自 2008 年开始承担测土配方施肥项目。项目实施三年来，共采集测试了耕层土壤样品 6 482 个，完成了水稻、油菜田间试验示范近百个，获得了百公斤籽粒养分吸收量、耕层土壤养分、农户施肥情况、肥料利用率、肥料增产率等大量的技术参数，初步建立了新县水稻、油菜施肥指标体系，为指导全县测土配方施肥技术推广提供了大量的科学依据。在测土配方施肥项目实施的基础上，我们又在全县开展了耕地地力评价工作，充分整合了新县第二次土壤普查、农业区划及土地管理部门的二调数据等多类资料。数据的整理和数据库的建立采用了地理信息系统（GIS）、全球定位系统（GPS）和现代计算机技术，在此基础上利用农业部提供的"县域耕地资源管理信息系统"平台进行数据管理，建立了新县耕地资源管理信息系统，并开展耕地地力评价。

　　新县县委、政府及县农业局高度重视耕地地力评价工作，成立了新县耕地地力评价工作领导小组和技术指导小组。完全按照农业部《测土配方施肥技术规范》和《耕地地力评价指南》确定的技术方法和技术路线进行操作。通过技术培训，专家座谈、技术人员具体运作，取得了下列主要成果。

1. 在河南农大资源与环境学院专家的支持下，建立了新县县城耕地资源管理信息系统及耕地地力指标体系。将新县耕地划分为 31 007 个单元，通过管理系统对评价单元进行系统评价。

2. 把新县的耕地土壤划分为 5 个等级进行评价，并提出相应的改良措施和种植利用建议。撰写了《新县耕地地力评价报告》及油菜、水稻作物适应性技术报告。

3. 绘制了电子版的新县土壤图、耕地地力等级图、新县各评价指标等级分布图、中低产田分布及改良利用图、新县资源类型区划图等多份图件。为新县农业领域利用计算机科学提供了技术平台。

4. 对第二次土壤普查资料及相关历史资料进行系统整理。充分利用第二次土壤普查资料，对土壤图进行数字化，对全县耕地土壤分类系统进行整理，并与省土壤分类系统对接。

5. 奠定了基于 GIS 技术咨询、指导和服务基础。

6. 为农业领域利用 GIS、GPS、计算机技术，开展资源评价，建立农业生产决策支持系统奠定基础。

编 者

2014 年 3 月

目　　录

第一章　农业生产与自然资源概况 ················· （1）

　　第一节　地理位置与行政区划 ················· （1）

　　第二节　农业生产与农村经济 ················· （3）

　　第三节　自然资源概况 ····················· （5）

　　第四节　农业基础设施 ····················· （6）

　　第五节　农业生产简史 ····················· （7）

　　第六节　农业生产中存在的主要问题 ············· （8）

　　第七节　农业生产施肥状况 ·················· （8）

第二章　土壤与耕地资源特征 ··················· （12）

　　第一节　地貌类型 ······················· （12）

　　第二节　土壤类型 ······················· （13）

　　第三节　耕地土壤 ······················· （19）

　　第四节　耕地立地条件状况 ·················· （29）

　　第五节　耕地改良利用与生产现状 ·············· （31）

　　第六节　耕地保养管理的简要回顾 ·············· （33）

第三章　耕地土壤养分 ······················ （35）

　　第一节　有机质 ························· （35）

　　第二节　大量元素 ······················· （37）

　　第三节　中微量元素 ······················ （41）

第四章　耕地地力评价方法与程序 ················ （46）

　　第一节　耕地地力评价基本原理与原则 ············ （46）

　　第二节　耕地地力评价技术流程 ··············· （48）

　　第三节　资料收集与整理 ··················· （50）

　　第四节　图件数字化与建库 ·················· （51）

　　第五节　土壤养分空间插值与分区统计 ············ （53）

　　第六节　耕地地力评价与成果图编辑输出 ··········· （55）

第七节　耕地资源管理系统的建立 ·· (56)

第八节　耕地地力评价工作软、硬件环境 ······························· (60)

第五章　耕地地力评价指标体系 ·· (61)

第一节　评价指标体系 ··· (61)

第二节　指标的选择 ··· (61)

第三节　权重确立 ·· (62)

第四节　隶属度确定 ··· (67)

第六章　耕地地力等级 ··· (72)

第一节　新县耕地地力等级 ··· (72)

第二节　一等地主要属性 ·· (80)

第三节　二等地主要属性 ·· (82)

第四节　三等地主要属性 ·· (84)

第五节　四等地主要属性 ·· (87)

第六节　五等地主要属性 ·· (90)

第七章　耕地资源利用类型区 ·· (93)

第一节　耕地资源类型区划分原则和依据 ······························· (93)

第二节　耕地资源利用类型区 ··· (93)

第八章　耕地资源合理利用对策与建议 ··································· (95)

第一节　耕地地力建设与土壤改良利用 ···································· (95)

第二节　耕地资源合理配置与农业结构调整 ······························ (96)

第三节　科学施肥 ·· (96)

第四节　耕地质量管理 ··· (98)

第九章　新县水稻适宜性研究专题报告 ··································· (99)

第十章　新县油菜适宜性研究专题报告 ································· (115)

第十一章　附件 ··· (131)

附件一　新县测土配方施肥耕地地力评价工作领导小组 ············ (131)

附件二　新县测土配方施肥耕地地力评价技术领导小组 ············ (132)

附件三　新县耕地地力评价工作顾问与审稿 ···························· (133)

附件四　新县耕地地力评价工作人员 ······································ (134)

附件五　新县耕地地力评价参考资料 ······································ (135)

附件六　新县耕地地力评价成果图件 ······································ (136)

第一章　农业生产与自然资源概况

第一节　地理位置与行政区划

一、地理位置

新县位于北纬31°28′~31°46′，东经114°33′~115°12′。处于河南省南端、大别山腹地、鄂豫皖三省6县结合部。东与商城县接壤，南、西面分别与湖北省麻城市、红安县、大悟县及本省罗山县毗邻，北与光山县缘连。京九铁路、312国道和大广高速公路穿境而过，东距合肥240km，南距武汉160km，北距郑州390km，素有"三省通衢"、"中原南门"之称，跨长江、淮河两大流域，流域面积1 612km²，河网密度为0.8km/km²。

二、地形特点

新县境内层峦叠嶂，河溪纵横，有山地、丘陵、冲积河谷和堆积凹谷。平均海拔350m，相对高差951m，海拔700m以上的山峰46座，最高峰田铺乡黄毛尖海拔1 011m，为大别山第三高峰，大小河流92条。大别山主脉东—西南向横贯县境中部，将全县分为地势较为倾斜的两部分，南属长江流域，北属淮河流域。自然地理特点为"七山一水一分田，一分道路和庄园"（图1-1）。

三、行政区划

全县辖新集镇、沙窝镇、八里畈镇、吴陈河镇、苏河镇、箭厂河乡、陈店乡、郭家河乡、陡山河乡、千斤乡、卡房乡、浒湾乡、周河乡、泗店乡、田铺乡15个乡镇和香山湖管理区1个管理区，205个行政村、居委会。总人口38万人，其中，农业人口28万人。总面积1 612km²，耕地园地面积45.1万亩（图1-2）。

图 1-1 新县位置图

图 1-2 新县行政区划图

第二节　农业生产与农村经济

一、农业生产

新县是个典型的山区农业县，属于农业部划定的优质水稻和"双低"油菜优势区。水稻和油菜是新县大宗粮、油作物。2010年全县农作物播种总面积45.8万亩。粮食作物22.6万亩，总产1.21亿 kg，其中，夏粮小麦1.77万亩，总产431万 kg；秋粮水稻18.78万亩，总产1.15亿 kg，红薯1.48万亩，总产161.7万 kg。油料作物14.3万亩总产2 649.5万 kg，其中，油菜10.52万亩总产1 310.7万 kg，花生3.33万亩总产1 294.5万 kg。蔬菜播种总面积3.53万亩，其中，大棚蔬菜2 120亩，全县蔬菜总产16 843万 kg。

（一）粮油生产

近年来，新县积极落实国家和省、市扶持粮食生产的各项惠农政策，不断扩大粮油种植面积，推广应用各项综合增产技术，全县粮油生产水平不断提高，产量逐年攀升。2006年，全县粮食种植面积20.32万亩，总产1.1亿 kg，首次突破1亿 kg，到2010年粮食种植面积达到了22.6万亩，总产1.21亿 kg，连续五年创历史纪录。2006年全县油料种植面积8.37万亩，总产1 737万 kg，到2010年油料作物种植面积扩大到14.3万亩，总产达2 649.5万 kg。

（二）种植业耕作制度

新县农业种植业耕作方式属传统农业，农作物常年播种面积46万亩左右。农作物种植制度因地形地势和土壤类型而不同。水稻田多为水稻—油菜、水稻—紫云英，一年两熟，岗坡旱地多为油菜—花生、油菜—红薯、小麦—花生等轮作方式。但是新县也有少部分的稻田一年一季只种水稻，为潜育型水稻土，土质较黏，地势低洼，排水设施较差，多为久水田，加上秋播季节紧，无法及时耕犁播种。

二、农村经济

（一）农业总产值

党的十一届三中全会以来，农业生产得到了长足的发展。2010年，新县实现农业生产总值243 005万元，较2009年可比价涨4.7%。其中，农业产值135 678万元、林业产值49 637万元、牧业产值50 123万元、渔业产值5 365万元，农林牧渔服务业产值2 202万元（图1-3）。

（二）农村居民经济情况

新县2010年农村居民全年收入7 102.39元，其中，工资性收入3 327.08元，家庭经营收入3 582.08元，财产性收入73.99元，转移性收入119.24元；总支出6 649.54元，其中，家庭经营性费用支出1 723.37元，购置生产性固定资产支出23.29元，税费支出0元，生活消费支出4 641.77元（图1-4、图1-5）。

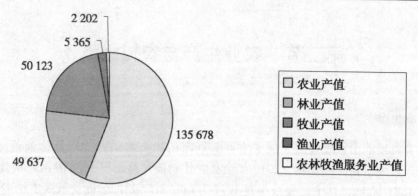

图 1 - 3　2010 年农业总产值构成比例图（单位：万元）

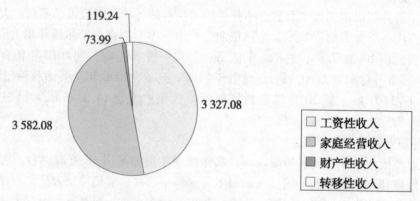

图 1 - 4　2010 年农村住户全年总收入构成图（单位：元）

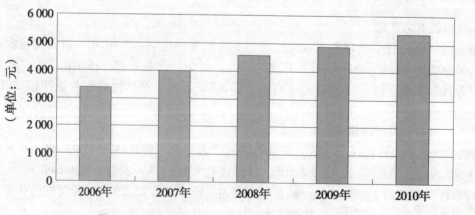

图 1 - 5　2006—2010 年农村居民人均纯收入变化图

第三节　自然资源概况

一、光热资源

新县处于暖温带与亚热带的过渡带区，属典型的大陆性季风气候。由于受山区地貌特征等因素的影响，西伯利亚和太平洋冷暖气流在此交替频繁，引起地区间热量和水分的转移与交换，决定了新县山区气候的性质。

（一）温度

1. 气温

新县累年平均气温 15.1℃，春季平均气温 15.3℃，夏季平均气温 26.9℃，秋季平均气温 15.9℃，冬季平均气温 4.1℃，年极端最高气温 41.1℃（1988 年 7 月 20 日），年极端最低气温 −17.0℃（1991 年 12 月 28 日）。

年 ≥0℃ 的平均初日为 1 月 29 日，终日 1 月 3 日，持续日数为 339d。积温为 5 501.0℃。≥3℃ 的平均初日为 2 月 22 日，终日 12 月 11 日，持续日数为 294d，80% 保证率积温为 5 331℃。≥10℃ 的平均初日为 3 月 30 日，终日 11 月 9 日，持续日数为 226d，积温为 4 797℃，80% 的保证率积温为 4 600℃。日平均气温 ≥15℃ 的天数为 173d，基本能满足农作物一年两熟对热量的需求。极端最高气温 ≥35℃ 的平均日数为 8.4d。

2. 地温

累计地面平均温度 17.3℃，最高值是 7 月，平均为 30.8℃，最低值是 1 月，平均为 3℃；累计地面极端最高温度 71.7℃，极端最低温度 −21.9℃。地面温度 ≤0℃ 的平均初日为 11 月 12 日，终日为 3 月 23 日，持续日数为 132d。地下 5cm 深度年平均温度 16.7℃，20cm 深处的年平均温度 16.9℃。平均初霜日为 11 月 10 日，终日为 3 月 17 日，初终间日数 128d。无霜期 222d 左右。

3. 气候特点

新县属亚热带北部大陆性季风湿润、半湿润气候，四季分明。雨热同季，夏季偏南气流主导，冬季偏北气流最盛。春季气温回升较快，冷暖多变，多阴雨，常出现大风；夏季雨量相对集中，初夏暴雨，盛夏天气炎热少雨，易发生伏旱；秋季多晴天，气温下降快，偶见秋涝；冬季寒冷少雨雪。

（二）光照与热量

全年日照时数平均为 1 827.6h，日照百分率 37.3%。年际变化明显，最多年 2 134.3h，最少 1 398.8h；四季分布不均，夏季最多，为 552.1h，冬季最少，为 361h，春秋相近，分别为 459.6h 和 454.9h。全年太阳总辐射量为：112.65kcal/cm^2，其中，以 7 月最大，13.41kcal/cm^2，12 月最小，5.9kcal/cm^2。

二、水资源

（一）降水量

降水由于受亚热带气候的影响，降水量较多，年平均降水量 1 373.4mm，水资源总量

12 亿 m³，其中，地表水 9.73 亿 m³，地下水 2.07 亿 m³，年平均径流总量为 9.73 亿 m³。一年之内，雨量分布不均，大部分集中在 4~8 月，5 个月降水量 894.4mm，占全年雨量 65%。年际降水量变化较大，年最大降水 2 116.3mm，年最小降水为 846.6mm，年平均降雨日数为 126d，占全年天数的 34.5%。年平均径流深 600mm，年径流系数 0.45。年平均陆面蒸发量 800mm，水面蒸发量 1 330mm。

新县水资源主要靠天然降雨。由于地处山区，河床切割较深，降水渗入地下产生的地下水属裂隙水，绝大部分又汇入河道，由河川排入河道，形成闭合流域，在水文地质上属裂隙弱富水区。县内无过境水，新县多年平均径流总量为 9.73 亿 m³，人均占有量 3 400m³。新县水资源开发利用主要是地表径流，用来灌溉、发电和养殖。目前，开发利用仅 2.16 亿 m³，占总量的 22.2%。

（二）地表河流

新县过境水的利用率非常低。由于新县属于山区，具有河床低，坡度大，流速快的特点，易于排涝，素有"怕旱不怕涝"之说。旱年常表现为水源不足、供水紧张、不利农作物生长发育。而在洪峰时期，易出现河水暴涨、漫堤溢岸、挟泥带沙、覆盖农田的状况，因此，对河谷阶地的土壤肥力有着一定的影响。

新县河流长度在 20km 以上 7 条，10~19km 31 条，5~9km 71 条，河流总长度 684km，河网密度 0.42km/km²。

淮河流域新县城内有 4 大水系，分别为潢河、竹杆河、白露河、寨河。①潢河发源于新县田铺乡万字山，流经新县、光山县、潢川县，在潢川县境内汇入淮河。②竹竿河发源于湖北省大悟县的袁家湾，流经新县卡房乡又进入湖北省境内。新县境内 20km，流域面积 181.2km²。③白露河发源于新县沙窝镇万家湾，流经新县、潢川县、淮滨县、固始县，于淮滨县境内汇入淮河。新县境内长 16.5km，流域面积 128.11km²。④寨河，发源于新县黄毛尖主峰北坡，流经新县、光山、息县、潢川，于潢川县堡子口汇入淮河。新县境内长 8.5km，流域面积 46.7km²。

长江流域新县有两大水系，分别为倒水河、举水河。①倒水河发源于新县箭厂河乡的陈家湾，流经新县的箭厂河乡、郭家河乡、陈店乡，进入湖北境内。新县境内长 18.5km，流域面积 228.1km²。②举水河发源于鄂豫交界的蜂包裂山，流经新县田铺乡，进入湖北省境内。新县境内 9km，流域面积 76.5km²。

第四节　农业基础设施

一、农业水利设施

新县已建成中小型水库 128 座，其中，中型水库 2 座（香山和长洲河水库），小型水库 126 座，塘堰坝 1.3 万处（其中，堰坝 1 097 处）。县境内有效蓄水量 1.97 亿 m³。设计灌溉面积 16.2 万亩，目前，有效灌溉面积仅有 3.78 万亩。配套灌溉渠道 212 条，长度 1 247.75km，其中，万亩以上灌区（香山、长洲河、杨冲、石堰口、王沟）5 条，干、支渠长度 65.2km；万亩以下灌渠 207 条，长度 1 182.6km。

二、农业生产机械

在农机购置补贴政策的有力促进下，新县的农业机械稳步发展，截至目前，全县农机总动力达到 24.5 万 kW，农机原值达到 1.687 亿元。其中，拥有各种拖拉机 948 台，1.53 万 kW；旋耕机 3 514 台，4.25 万 kW；联合收割机 106 台，0.636 万 kW；机动脱粒机 2 653 台，4.24 万 kW；排灌动力机械 3 662 台，5.67 万 kW；机动喷雾器 65 台，178kW；插秧机 5 台，325kW。全县拥有各种配套农具 3 100 台套，3.81kW；目前，新县有农用运输车 2 695 台，1.21 万 kW。2011 年，全县机收小麦 1.02 千 hm^2，机插水稻 1.082 千 hm^2，机收水稻 9.266 千 hm^2。机械化耕作 8.4 千 hm^2，其中，有 1.33hm^2 为在新县进行的农机深松整地示范项目。今年的机械化秸秆还田面积为 21.09 千 hm^2，机械深施化肥面积 2.75 千 hm^2，农机运输作业量 0.112 亿 t/km。

第五节　农业生产简史

新县种植业主要是由粮食作物和经济作物构成。粮食作物主要是水稻和小麦，经济作物主要是油菜、花生等油料作物。20 世纪 80 年代中后期，农业生产在贯彻"决不放松粮食生产，积极发展多种经营"方针的同时，强调"二十万亩耕地养活 30 万人"，种植业结构开始进入积极稳步调整时期。到 1991 年经济作物占农作物总面积的比例已上升到 20% 以上，但直到 1995 年之前，粮食作物所占比例仍高达 70% 以上，1996 年之后，种植业内部结构进一步得到优化调整，特别是 1999 年之后，经过"稳稻、压麦、扩油"的结构调整和实施"百村兴农"计划，"双十三一"工程及"双低"油菜产业化开发、"12255"工程"百、千、万"粮、油、茶高产示范工程，进一步促进了经济作物、特别是油料作物生产的发展，经济作物所占比重由 26.56% 上升到 30% 左右，粮食作物所占比重则由 69.35% 下降到62.58%；2002 年之后，经济作物比例上升到 40% 左右，粮食作物所占比重下降到 55% 左右。经过近 20 年的调整，粮食作物种植面积由原来的 27 万 ~28.5 万亩下降到 21 万 ~22.5 万亩。经济作物则由 6 万亩增加到 15 万亩左右。2010 年全年粮食总产量 12 109.2 万 kg，比 2009 年全年产量 12 046.4 万 kg 增产 5.21%；油料总产量 2 649.5 万 kg，比 2009 年总产量 2 841.4 万 kg 减少 6.75%。

特色种植取得较大成效。主要有杭白菊和山野菜。杭白菊种植基地在田铺乡，1996 年，田铺九里、宋畈、陶冲农户开始零星引种杭白菊，随后，迅速向全乡和邻近的泗店乡发展，种植规模不断扩大。到 2005 年已发展到 3 000 亩，目前，年产干菊花 30 万 ~50 万 kg，产值 500 万 ~600 万元。安太公司通过"公司 + 农户 + 基地"方式扶持了一批山野菜种植基地。基地主要集中在新集、周河、沙石等乡镇和国营林场。人工建造的基地面积 2 000 亩左右，加上野生山野菜总面积在 1 万亩左右。

畜牧养殖业持续快速发展。2010 年全年肉类总产量 23 252t，比上年增长 5.7%，其中，猪牛羊肉总量 19 633t，增长 3.8%；禽蛋产量 9 817t，增长 25.9%；水产品产量 5 000t，增长 6.4%。

第六节　农业生产中存在的主要问题

新县是典型的山区农业县，气候属北亚热带向暖温带过渡区，土壤呈水平地带性分布。受这些因素影响农业生产中存在以下问题。

（1）农业生产基础条件薄弱，抗灾能力差。新县中部山区和南北部分丘陵区，水利条件差。蓄水工程少，灌溉水源不足，遇旱减产，旱涝保收农田面积较小。近年来虽然利用项目投资、集中劳力、资金整修了许多库、塘、堰坝，但受水源条件限制，部分库、塘、堰坝发挥的作用不太理想。另外，山区农田间排灌系统建设难度大，基础差，特别是处于地势较高的农田灌溉也受此制约，风调雨顺年份易获高产，反之粮食高产极为困难。

（2）有机肥投入不足。新县历来有种植紫云英的习惯，20世纪80年代初期，紫云英种植面积曾达到10万亩左右，常年有1/3的耕地可以得到休养。从1984年后绿肥种植面积下降，有机肥长期投入不足，直接阻碍着农作物产量的提高。化肥的施用大幅度，不仅提高了作物产量，而让农民对化肥的依赖性增大。而积施有机肥需要投入大量的人工劳力，投入商品有机肥成本高，部分农民不愿接受。虽然近年来政府宣传组织了高温堆肥、冬季百日增肥、沃土工程等活动，受经济条件制约，只能在基础层面上部分落实，收效不理想。受有机肥资源限制，现有的堆沤肥及厩肥等有机肥大多投入在蔬菜、油菜等作物上，水稻、油菜田的有机肥来源主要靠秸秆还田、种植绿肥和作物留高茬。有机肥投入不足，土壤有机质提升缓慢，不利于土壤团粒结构的形成和培肥。因此，实施测土配方施肥，不断增施有机肥，有利于培肥地力，提高作物产量，增强农业发展后劲。

（3）从二次土壤普查至今，新县土壤速效钾含量下降幅度大，有效磷、速效钾含量很低，已经制约了农作物产量的提高。部分农民对施用磷肥、钾肥的重要性认识不足。

（4）耕层较浅。尤其是旱地，耕层厚度一般在10cm，很少深耕，影响根系的良好生长，制约了作物的产量。

第七节　农业生产施肥状况

一、化肥施用历史及现状

新县1960年施用化肥量为356t；1970年为2 365t；1980年为4 990t；1990年为2 155t；2001年为6 207t；2010年为7 972t。20世纪80年代后随着氮素化肥的施用量加大，其增产效果下滑，磷肥开始在农业生产上推广应用。1990年开始大面积的施用磷肥，群众称之为"石头面"。后来通过生产实践，也逐渐认识到磷肥的增产作用。1992年，开始施用复合肥料，主要品种有磷酸二铵、磷酸二氢钾。而当时复合肥及钾肥所占比例不足5%。

改革开放以来，随着农业生产条件的改变、科学技术水平的提高及市场经济的发展，农业生产方式也有了相应的转变，提高了农业产业化进程。农民在农业生产技术上有了新的追求，不仅化肥施用量增加，而化肥施用结构也有了调整。测土配方施肥技术的推广应用更促进了农民施肥观念、方式、方法的转变，逐渐改变偏施氮肥，过量施肥、盲目施肥的不良习惯。一是改变了重氮、轻磷、钾的施肥观念，注重了测土配肥、以产定氮、磷钾配施及增施微肥等技术的应用。二是改变了农民只施单质肥料的做法，现有65%的农户都能主动施用配方肥或复合肥、复混肥作基肥，同时，按施肥建议卡或技术人员要求氮、磷、钾科学配施。三是改变了农户重化肥、轻有机肥的观念。通过示范推广样板使农户认识到有机肥是培肥地力、改良土壤、提高产量的"灵丹妙药"。农民积极堆沤农家肥，购买商品有机肥、饼肥，种植紫云英、实施秸秆还田等方式增施有机肥。田间焚烧秸秆的现象少了。四是改变了农户重底、轻追的施肥方法，氮肥后移、开沟追肥、随水追肥、施肥后盖土等多种科学施肥方式为农民所掌握，并应用到生产实践中去。施肥观念的改变，提高了施肥的技术水平，增加了作物产量、提高了农业效益、减少了环境污染。五是改变了农民凭经验施肥的习惯，通过施肥建议卡和配方肥，把测土配方施肥的技术成果推广应用到了千家万户。

据1983年第二次土壤普查时调查统计，全年施用化肥量5 008t（实物量），耕地平均亩施用化肥量为20.5kg（实物量），氮、磷、钾的比例为：氮占98%、磷占2%，且主要有氮肥和单质磷肥两个品种。而2010年统计，全年施用化肥达到了7 972t，平均每亩耕地施用量为15.12（折纯）kg，氮、磷、钾比例为1：0.24：0.08。化肥品种增加为单质氮肥、磷肥、钾肥、复合肥、复混肥、配方肥、叶面肥、微肥等多个品种。

据新县2008—2010年实施测土配方施肥项目对全县农户施肥情况调查统计，农户施肥种类主要以碳酸氢铵、钙镁磷肥为主，其次是复混肥、尿素。碳酸氢铵占施肥总量的67.66%，钙镁磷肥占17.87%，复混肥占8.29%，尿素占5.98%，配方肥占0.2%。从2008—2010年各年度农户施肥结构分析，有以下特点：一是碳酸氢铵所占比例逐年下降；二是磷、钾肥投入逐年增加，配方肥使用也由无到有，呈递增趋势；三是亩施用量有上升趋势；四是有机肥施用量有了明显提高。亩施用氮、磷、钾的比例由 $N : P_2O_5 : K_2O$ 1：0.16：0.02上升为1：0.24：0.08，氮肥的施用基本维持不变，而磷、钾肥的投入有了明显的增加。

在不同种类化肥的施用方法上，碳酸氢铵、钙镁磷肥及复合肥、配方肥一般作基肥，尿素、磷酸二氢钾及部分复合肥作追肥。水稻施肥方法为：碳酸氢铵、磷肥及大部分复合肥作底施；尿素和少部分复合肥于水稻分蘖期和幼穗分化期追施。油菜施肥底肥占70%，另30%的追肥在油菜苗期、蕾薹期分两次追施，而有机肥作为拌种肥施入，另有80%的农户都采用油菜施用硼肥技术，以提高油菜籽产量。硼肥的施用方法有底施和叶面喷施两种。

二、有机肥施用历史及现状

新县有机肥，俗称农家肥，主要有以下几类：秸秆肥、堆沤肥、粪尿肥、饼肥、绿肥、土杂肥等。近年来市场上销售有一定量的商品有机肥。20世纪60年代前，传统农业生产施肥主要以有机肥为主，辅助施用少量化肥；70年代后随着化肥增产效益的显现，农民施用有机肥量呈下降趋势。近年来随着青壮劳力外出务工，农户堆沤有机肥的量下降，但畜牧业的集中发展，种植绿肥面积连年扩大，提供了优质有机肥资源。据2010年新县有机肥资源情况调查，农家肥料中堆沤肥资源总量为19.8万t，厩肥总量为11.97万t，土杂肥资源总量为7.83万t。全县农作物秸秆资源量为13.4万t，作为肥料的资源量为11.95万t，占89.2%；绿肥主要是紫云英，种植面积5万亩，总资源量8万t，压青还田5万t，占 62.5%。

三、其他肥料施用现状

目前,新县微量元素的施用状况是以硼肥和锌肥为主。硼肥的品种为硼沙或进口复合硼肥,主要用于油菜和部分花生生产上,小麦和水稻上应用极少。年施用量 15t 左右。而锌肥主要用于水稻预防和防治秧苗缺锌黄化等症状,多是叶面喷施,施用量较小,多为药剂复合产品,全县年施用量 0.5t 左右。其他中量元素的单独施用较少,在施用磷肥、复合肥中附带施入钙肥、硫肥及硅肥,以补充土壤中微量元素的缺失。

四、农业生产施肥与粮食产量变化的关系

根据新县粮食生产发展进程与不同年代化肥用量的关系,详见表 1-1。从表 1-1 中可以看出,化肥施用量的增加促进了粮食作物产量的提高。单质化肥施用量达到一定水平后,粮食产量的增产幅度不再提高,随着对化肥施用结构的调整,如增施磷肥,或增施钾肥后又能进一步提升粮食作物产量。化肥施用品种不断增加,化肥施用方法、施用技术水平也不断提高,继续对粮食作物产量的提升产生影响,从而保障粮食作物的增产增收。因此,农作物产量的提升对化肥的依赖性越来越大,但也不能完全的靠增肥来增产。提高化肥施用技术水平、改革施肥方法、调整施肥品种结构,都可以很好地改良耕地土壤,提高肥料的利用率和增产效益。

表 1-1 新县不同年度化肥施用量与粮食产量统计表

年度	化肥施用量（吨）	粮食作物种植面积（万亩）	粮食作物产量	
			单产（kg/亩）	总产（万 kg）
1960	356（实物量）	29.4	182.3	5 359
1970	2365（实物量）	27.4	241.2	6 609
1980	4990（实物量）	29.0	231.6	6 717
1990	2155（实物量）	28.35	295.8	8 387.1
2001	6207（实物量）	22.4	255.6	5 725.3
2010	7972（实物量）	22.6	535.8	12 109.2

五、氮、磷、钾的施用比例

根据测土配方施肥项目农户施肥情况调查:不同作物、不同年份、不同产量水平,氮、磷、钾的施用量不同、施肥比例也不一样,农户的施肥水平不一致。作物产量的水平随着平均施肥量提高而增加,详见表 1-2。

以 2008 年度为例分析如下。

水稻亩产 550kg 以上:亩施氮、磷、钾的平均数量（折纯）8.97kg/亩、3.31kg/亩、0.34kg/亩,$N : P_2O_5 : K_2O = 1 : 0.37 : 0.04$。

水稻亩产 500~550kg:亩施氮、磷、钾的平均数量（折纯）8.88kg/亩、2.15kg/亩、0.15kg/亩,$N : P_2O_5 : K_2O = 1 : 0.24 : 0.02$。

水稻亩产小于 500kg：亩施氮、磷、钾的平均数量（折纯）8.06kg/亩、0.79kg/亩、0.03kg/亩，$N : P_2O_5 : K_2O = 1 : 0.1 : 0.004$。

表 1 - 2 水稻不同产量水平亩施肥量调查结果统计表（折纯）

年度	产量指标	施肥量（kg/亩）								
		N			P_2O_5			K_2O		
		最大值	最小值	平均值	最大值	最小值	平均值	最大值	最小值	平均值
2008	<500	17	0	8.06	12	0	0.79	3.5	0	0.03
	500~550	17.4	0	8.88	12	0	2.15	3.5	0	0.15
	>550	13	4.2	8.97	6	0	3.31	3.0	0	0.34
	合计平均			8.36			1.31			0.08
2009	<500	12	6	10.4	10.8	0	1.77	5	0	0.37
	500~550	12	8.5	11.68	6	1.8	3.21	7.2	0	0.87
	>550	12	8.5	11.44	6	1.8	3.26	7.2	0	1.04
	合计平均			10.71			2.06			0.47
2010	<500	12	6	11.12	10.8	0	2.36	3	0	0.8
	500~550	12	10.8	11.9	3.8	1.6	3.45	2.6	0	1.16
	>550	12	10.8	11.95	3.6	1.8	3.52	2.6	0	1.1
	合计平均			11.41			2.78	9		0.93

第二章　土壤与耕地资源特征

第一节　地貌类型

新县全境轮廓近似长方形,大别山主脉经境内中间横贯东西,支脉纵横交叉遍及全境,形似屋脊状,脊背中有东、中、西3个高峰区形成 W 形地势。由于大别山主脉形成的江淮分水岭,岭南属长江流域,岭北属淮河流域,境内地貌特色是山峦起伏连绵,峰高谷深,田在谷中溪河交叉,道路崎岖,农庄星罗棋布,地势特色是中间高,南北低,横跨江淮流域。地形总趋势为中间高、南北低。境内群山耸立,层峦叠嶂,溪流纵横。根据地形的显著特点可分为山区、丘陵区、盆地和河谷四个类型:①山区海拔高程大于500m,相对高差在300m以上,面积为18.7m²,包括田铺、卡房、周河等6个乡镇。其沟大谷深,呈 V 字型分布,坡度大多在30°以上,地表植被较少。有部分地区以天然次生林为主,成材林少,植树被覆盖率较低,抗御自然灾害、水土流失的能力较弱。②丘陵区海拔高程在100～150m,相对高差为150～200m,总面积为1 309.8km²;有 11 个乡镇,大部分为花岗片麻岩和片岩,坡度20°～35°,大多数为缓坡地,梯地及疏幼林地。③盆地分布在低山、丘陵相对低洼部分,海拔高程在100m以下,沿河分布,面积小,积层厚,多为冲蚀洪积物组成,土质肥沃,水源充足,水土流失较轻,总面积117.5km²,是新县粮食的主产区。④全县河谷交错分布,主要分布在中、低山区,为深切式曲流,呈 V 形。除河床外,尚有窄条状河滩。大部分为碎石所覆盖。

据地质部门资料,在大地构造单元上大别山系淮阳地盾的组成部分,淮阳地盾又称淮阳古陆,以前震旦纪到晚中生代,当我国其他大部分地区还淹没在海水的时候,它是保持隆起的陆地的一部分,古生代褶皱带开始形成,大别山在这时已上升为山地,但仍不稳定再受华力西运动强烈的多期影响,继续上升,并在此时褶皱成山系,奠定了现代地貌的基本雏形,同时,随之有大量的岩浆入侵,大别山的许多主峰岩体皆为此期的侵入岩。新生第三纪时期大别山受喜马拉雅运动的影响,沿断裂带再次上升,比以前更加高耸,新县与光山县交界处有一条东西向的隐伏断裂带,近于南北断裂层构造也有两条,一条沿陡山河(晏家河上游)河谷分布;另一条沿小潢河河谷分布;于是形成我们今天看到的轮廓。

一、侵蚀中山

主要分布在卡房、陡山河、新集、周河、田铺一部分,苏河、千斤、吴陈河、八里畈、沙窝、泗店、陈店、郭家河等乡镇也有一部分。最高峰黄毛尖1 011 m,相对高度在

300～700m。坡度在35°以上，以流水侵蚀为主，侵蚀作用次之。山势雄伟，山体连绵，山高坡陡，沟谷深邃，峰谷相间，大面积的基岩是白纪燕山晚期的侵入花岗岩体，基岩裸露，土层浅薄，含砾石多，山腰山脚坡积物渐渐增厚，土层较深，砾石含量较少，土壤含细粒较多，土壤养分较丰富，保水能力也较强。主要土种有薄层硅铝质黄棕壤、厚层硅铝质黄棕壤等，耕地较少，大面积山坡地是发展林牧副业生产基地。

二、剥蚀浅山

主要分布在沙窝、八里畈、浒湾、吴陈河、千斤北部，苏河一带，海拔高度在100～500m，相对高度150～200m，多数山峰在400m以下。坡度在20～35°。基岩主要为震亚界的变质沙岩、片岩、片麻岩，少量白纪燕晚期花岗岩侵入体，成大块状分布其中。岩石裸露面积小，土层较厚。一般随着高度的降低和坡度的变缓而加厚，谷呈V形，剥蚀作用较强。主要土种有厚层硅铝质黄棕壤、中层硅铝质黄棕壤等，耕地较少，大面积山坡地是发展茶园生产基地。

三、丘陵

分布在县南北的大别山支脉延伸带。海拔高度在300m左右，相对高差50～100m，坡度10～20°。丘陵主要特点为丘陵浑圆、丘陵平缓、丘间开阔，高低起伏，若断若连。一般丘陵中上部风化残积层较厚，有的在中下部有基岩出露。一部分为林地、园地，一部分为坡耕地。

四、山前洼地

主要在低山、丘陵相对低洼部分。一般沿着较大的谷地排列，形成珍珠串。面积小，地块破碎，高低不平。洼地低于周围200～300m，自身高低起伏，洼地内相对高度在30～50m，多数处于海拔100m左右，沉积层有中心向四周边缘逐渐变薄，可以几十米到几米，物质组成复杂，残积、坡积、冲积、洪积物皆有，主要土种有黄沙泥田、表潜青沙泥田、壤黄土田等。该区耕地面积大，是新县主要粮油产区。也是农林牧业综合发展的重要基地。

五、侵蚀河谷和河谷阶地

侵蚀河谷：这类型纵贯全县，发育在中低山区，为深切式曲流，属V形河谷地。沿岸零星分布河谷阶地，面积较小，一般都是几亩左右。

河谷阶地：分布在县中小潢河、县东白露河、县西吴陈河、县南的到水沟两岸呈现带状分布。越趋向下游，地势逐渐变平，河道变宽，河谷阶地的面积亦逐渐增大。该区域土种主要有灰沙壤土、底沙灰两合土等。

第二节　土壤类型

土壤类型，受生物气候、地形地貌、母质类型、河流水文和人为耕作活动的影响，致使土壤组合存在有差异，并呈现一定的规律性。从新县的土壤分布看，主要有水稻土、黄棕壤、潮土三大类耕作土壤。详见表2-1、表2-2和新县土壤图。

表 2-1　新县第二次普查县级命名土壤分类统计表

土类名称	亚类名称	土属名称	土种名称
水稻土	淹育型水稻土	黄棕壤性淹育型水稻土	深位中层黄岗土田
			浅位厚层黄岗土田
			中层堆垫土田
			黄沙岗土田
		潮土性淹育型水稻土	潮沙土田
			体沙两合土田
	潴育型水稻土	黄棕壤性潴育型水稻土	浅位厚层黄岗泥田
			黄沙岗泥田
			浅位中层黄岗泥田
			浅位厚层黄沙岗泥田
			乌沙岗泥田
			浅位厚层乌沙岗泥田
			壤黄岗泥田
			浅位厚层壤黄岗泥田
			黄老岗泥田
			底砾黄沙岗泥田
		潮土性潴育型水稻土	潮沙泥田
	潜育型水稻土	黄棕壤性潜育型水稻土	表潜青沙岗泥田
			浅位厚层青沙岗泥田
			表潜青岗泥田
			底潜青沙岗泥田
			深位厚层青沙岗泥田
			浅位薄厚青沙岗泥田

（续表）

土类名称	亚类名称	土属名称	土种名称
黄棕壤	粗骨性黄棕壤	淡岩黄沙石土	浅位多砾质薄层淡岩黄沙石土
			浅位多砾质厚层淡岩黄沙石土
			浅位少砾质薄层淡岩黄沙石土
			浅位少砾质厚层淡岩黄沙石土
			薄有机质浅位多砾质薄层淡岩黄沙石土
			薄有机质浅位多砾质厚层淡岩黄沙石土
			薄有机质浅位少砾质厚层淡岩黄沙石土
			薄有机质浅位少砾质薄层淡岩黄沙石土
		沙岩黄沙石土	浅位多砾质薄层沙岩黄沙石土
			浅位多砾质厚层沙岩黄沙石土
			浅位少砾质厚层沙岩黄沙石土
			浅位少砾质薄层沙岩黄沙石土
			薄有机质浅位多砾质薄层沙岩黄沙石土
			薄有机质浅位少砾质厚层沙岩黄沙石土
		红色沙岩黄沙石土	浅位多砾质厚层红色沙岩黄沙石土
			浅位少砾质厚层红色沙岩黄沙石土
		灰岩黄沙石土	浅位少砾质厚层灰岩黄沙石土
		粗骨性黄岗土	浅位多砾质厚层黄岗土
			浅位多砾质薄层黄岗土
			浅位少砾质厚层黄岗土
			浅位少砾质薄层黄岗土
		黄岗土	浅位厚层黄岗土
		堆垫土	堆垫土
潮土	灰潮土	灰沙土	灰沙土
			灰沙壤土
			体沙灰沙壤土
		灰两合土	体沙灰小两合土
			体沙灰两合土

表2-2　新县土壤县级命名土种与省级命名分类统计对照表

省土类名称	省亚类名称	省土属名称	省土种名称	县土种名称
水稻土	淹育水稻土	浅马肝泥田	黄沙土田	深位中层黄岗土田
				浅位厚层黄岗土田
				黄沙岗土田
			壤黄土田	中层堆垫土田
		浅潮泥田	潮粉土田	潮沙土田
				体沙两合土田
	潴育水稻土	马肝泥田	黄沙泥田	浅位厚层黄岗泥田
				黄沙岗泥田
				浅位中层黄岗泥田
				浅位厚层黄沙岗泥田
				乌沙岗泥田
				浅位厚层乌沙岗泥田
				壤黄岗泥田
				浅位厚层壤黄岗泥田
				黄老岗泥田
				底砾黄沙岗泥田
				潮沙泥田
	潜育水稻土	青沙泥田	表潜青沙泥田	表潜青沙岗泥田
				表潜青岗泥田
			底潜青沙泥田	底潜青岗泥田
				深位厚层青沙岗泥田
			浅位青沙岗泥田	浅位厚层青沙岗泥田
				浅位薄层青沙岗泥田
潮土	灰潮土	灰潮沙土	灰沙土	灰沙土
			灰沙壤土	灰沙壤土
				体沙灰沙壤土
		灰潮壤土	底沙灰小两合土	体沙灰小两合土
			浅位沙灰两合土	体沙灰两合土

（续表）

省土类名	省亚类名	省土属名	省土种名	县土种名
黄棕壤	黄棕壤性土	硅铝质黄棕壤	厚层硅铝质黄棕壤	浅位多砾质薄层淡岩黄沙石土
				浅位多砾质厚层淡岩黄沙石土
				浅位少砾质薄层淡岩黄沙石土
				浅位少砾质厚层淡岩黄沙石土
				浅位少砾质厚层黄岗土
				浅位厚层黄岗土
				薄有机质浅位多砾质薄层淡岩黄沙石土
				薄有机质浅位多砾质厚层淡岩黄沙石土
				薄有机质浅位少砾质厚层淡岩黄沙石土
				薄有机质浅位少砾质薄层淡岩黄沙石土
			中层硅铝质黄棕壤	浅位多砾质厚层黄岗土
			中层硅铝质黄棕壤性土	浅位多砾质薄层黄岗土
			薄层硅铝质黄棕壤性土	浅位少砾质薄层黄岗土
				堆垫土
		沙泥质黄棕壤	中层沙泥质黄棕壤	薄有机质浅位多砾质薄层沙岩黄沙石土
			中层沙泥质黄棕壤性土	浅位少砾质薄层沙岩黄沙石土
				浅位多砾质薄层沙岩黄沙石土
			厚层沙泥质黄棕壤	浅位多砾质厚层沙岩黄沙石土
				浅位多砾质厚层红色沙岩黄沙石土
				浅位少砾质厚层沙岩黄沙石土
				浅位少砾质厚层红色沙岩黄沙石土
				厚有机质浅位少砾质厚层沙岩黄沙石土
			厚层钙质粗骨土	浅位少砾质厚层灰岩黄沙石土

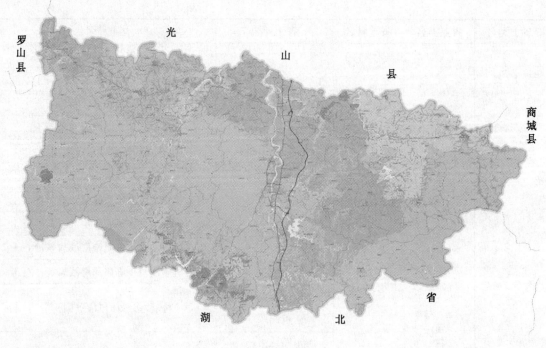

图 新县土壤图

一、水稻土

在人类长期地下水耕熟化和精心培育的条件下形成的土壤，起源于各种土壤母质。土壤季节性的干湿交换，导致氧化还原作用亦交替进行着，土壤中进行着有机、无机物质的迁移与沉积，及有机质的积累与分解，盐基的淋溶与复盐的淀积作用。使土壤剖面发生明显的分异，从而形成了氧化还原层、犁底层、沉积层等所特有的剖面形态，并且有特殊理化和生物学特征。全县水稻土共包括3个亚类，4个土属，7个土种，耕地土壤水稻土面积218 422亩，占耕地园地总面积的48.43%。全县各个乡（镇、区）村、组都有分布。是新县的主要耕作土壤。

二、黄棕壤

主要成土因素是北亚热带向暖温带过渡地带的气候条件和在落叶阔叶间有常绿阔叶与针叶混交林组成的生物群落。成土过程中，土体中的物质淋溶较强，淀层有铁、锰结核及胶膜出现，土壤属性是整个剖面以黄棕色为主，盐基弱度不饱和等，由于它受地带性规律的支配，故称地带性土壤。新县耕地园地黄棕壤土类有1个亚类、2个土属、8个土种。耕地园地土壤黄棕壤面积232 137亩，占全县耕地面积的51.47%。非耕地土壤大部分为林地。

三、潮土

近代河流沉积作为成土母质，是一种半水成的非地带性土壤，在成土过程中，受着河流的影响，与地下水紧密相交，一般地下水位在1～3m，底层土由于地下水位高，长期氧化还原作用，形成了许多兰灰色和红褐色的铁锈斑纹。其成土条件和成土过程颇为独特，造成土壤发生层次明显，而发育层次不明显，矿物质含量高，氮、有机质含量低的土壤属性。新县只有灰潮土1个亚类、2个土属、4个土种。耕地园地土壤潮土面积440亩，占全县耕地园地面积的0.098%。

第三节　耕地土壤

新县总耕地园地面积45.1万亩，第二次全国土壤普查时，分为3个土类，5个亚类，14个土属，52个土种，依照本次测土配方施肥补贴资金项目省级土壤命名和县级土壤命名对照后，归类3个土类，5个亚类，8个土属，19个土种。

一、耕地园地土壤类型及面积分布

耕地园地土壤是人类用于农业种植业生产的土壤。新县的耕地土壤土类主要是水稻土、黄棕壤、潮土，其中，黄棕壤土类中部分为耕地、大部分为园地。据统计，新县耕地园地面积450 999亩，其中，水田219 848亩，旱地园地231 151亩。各乡镇水田、旱地及各土类、亚类、土属、土种面积情况统计，详见表2-3至表2-6。

表2-3　新县各乡镇土壤土类统计表　　　　　　　　　　（单位：亩）

乡镇名 ＼ 土类	水稻土	黄棕壤	潮土
八里畈镇	19 041	20 534	31
陈店乡	17 516	23 679	
陡山河乡	19 295	17 483	58
郭家河乡	8 866	6 034	9
浒湾乡	100 534	7 360	
箭厂河乡	16 262	20 581	
卡房乡	6 798	5 872	
千斤乡	18 058	20 381	
沙窝镇	14 040	14 401	
泗店乡	9 587	15 461	
苏河镇	14 438	194 023	
田铺乡	6 340	6 195	
吴陈河镇	18 631	15 063	343
香山湖管理区	6 666	8 118	
新集镇	19 236	19 074	
周河乡	14 579	11 510	
总计	219 408	231 151	440

表 2-4 新县各乡镇土壤亚类统计表 （单位：亩）

乡名称	淹育水稻土	潴育水稻土	潜育水稻土	黄棕壤性土	灰潮土
八里畈镇		9 553	9 487	20 534	31
陈店乡		12 922	4 594	23 679	
陡山河乡		13 196	6 099	17 483	58
郭家河乡		8 866		6 034	9
浒湾乡		5 342	4 712	7 360	
箭厂河乡	766	3 070	12 425	20 581	
卡房乡		6 616	183	5 872	
千斤乡		3 736	14 322	20 381	
沙窝镇		5 775	8 266	14 401	
泗店乡		7 059	2 528	15 461	
苏河镇		8 696	5 742	19 403	
田铺乡		5 961	379	619	
吴陈河镇	987	1 801	15 844	15 063	343
香山湖管理区		4 603	2 063	8 118	
新集镇	86	10 820	8 331	19 074	
周河乡		1 269	13 320	11 510	
总计	1 839	109 285	108 284	231 151	440

表 2-5 新县各乡镇土壤各土属面积统计表 （单位：亩）

乡名称	硅铝质黄棕壤	灰潮壤土	灰潮沙土	马肝泥田	浅潮泥田	浅马肝泥田	青沙泥田	沙泥质黄棕壤	总计
八里畈镇	3 879		31	9 553			9 487	16 655	39 605
陈店乡	11 989			12 922			4 594	11 690	41 196
陡山河乡	15 814	58		13 197			6 099	1 669	36 837
郭家河乡	5 401	9		8 866				633	14 909
浒湾乡	756			5 342			4 712	6 604	17 414
箭厂河乡	16 727			3 070	767		12 425	3 855	36 843
卡房乡	5 859			6 616			183	13	12 669
千斤乡	19 297			3 736			14 322	1 084	38 439
沙窝镇	4 765			5 775			8 266	9 637	28 441
泗店乡	5 362			7 059			2 528	10 099	25 048
苏河镇	11 250			8 696			5 742	8 152	33 841
田铺乡	5 254			5 961			379	941	12 536
吴陈河镇	5 442	343		1 801		987	15 844	9 621	34 037

（续表）

乡名称	硅铝质黄棕壤	灰潮壤土	灰潮沙土	马肝泥田	浅潮泥田	浅马肝泥田	青沙泥田	沙泥质黄棕壤	总计
香山湖管理区	3 065			4 603			2 063	5 053	14 784
新集镇	7 076			10 819		86	8 331	11 998	38 311
周河乡	4 336			1 269			13 310	7 174	26 089
总计	126 270	409	31	109 286	767	1073	108 284	104 881	450 999

表2-6 新县各乡镇土壤各土种面积统计表 （单位：亩）

乡名称	黄沙土田	潮粉土田	黄沙泥田	表潜青沙泥田	底潜青沙泥田	浅位青沙泥田
八里畈镇			9 553	9 487		
陈店乡			12 922		4 594	
陡山河			13 196	6 099		
郭家河			8 866			
浒湾乡			5 342	4 712		
箭厂河		766	3 070		11 810	615
卡房乡			6 616	143		40
千斤乡			3 736	14 318	5	
沙窝镇			5 775	8 266		
泗店乡			7 059	711		1 817
苏河镇			8 696	5 331		411
田铺乡			5 961	379		
吴陈河镇			1 801	15 074	769	
香山湖管理区			4 603	1 886		177
新集镇	86		10 819	8 324	7	
周河乡			1 269	13 309		
总计	86	766	109 286	88 039	17 186	3 059

乡名称	薄层硅铝质黄棕壤性土	中层硅铝质黄棕壤性土	厚层硅铝质黄棕壤	中层沙泥质黄棕壤	厚层沙泥质黄棕壤	灰沙壤土	底沙灰小两合土
八里畈镇	48	2 786	1 044	7 335	9 321	31	
陈店乡		2 002	9 987	5 392	6 298		
陡山河乡	1 026	572	14 216	1 669			58
郭家河乡	164		5 237	536	97		9

（续表）

乡名称	薄层硅铝质黄棕壤性土	中层硅铝质黄棕壤性土	厚层硅铝质黄棕壤	中层沙泥质黄棕壤	厚层沙泥质黄棕壤	灰沙壤土	底沙灰小两合土
浒湾乡	756				6 604		
箭厂河乡	2 518	6 476	7 732	3 481	373		
卡房乡		178	5 681	13			
千斤乡		251	19 045	419	665		
沙窝镇		78	4 686	9 637			
泗店乡			5 361		10 099		
苏河镇	1 709		9 541		8 152		
田铺乡			5 254		941		
吴陈河镇		1 549	4 880	948	8 673		343
香山湖管理区		7	3 058	142	4 911		
新集镇		4	7 072	10	11 988		
周河乡			4 336	2 784	4 390		
总计	6 221	13 905	107 130	32 367	72 514	31	409

二、不同土壤剖面性状、理化性状、障碍因素

（一）水稻土

1. 浅马肝泥田土属

黄沙土田：分布在新集镇。土壤面积 86 亩，占该土类面积的 0.039%，占总耕地园地面积的 0.021%。

本土种土体质地为中壤，淹育层，即氧化还原层，淹水种稻时，呈浅灰色，排水种旱时，灰色消失。近似原来母质的颜色，同时，还产生少量氧化铁锈斑纹。淹育层质地一般为中壤至重壤，小块状结构。渗育层多为重壤，块状结构。全剖面铁、锰结核分布均匀，没有明显的转移聚积现象。据农化样分析，平均有机质 25.66g/kg，全氮 1.47 g/kg，有效磷 14.38 mg/kg，速效钾 57.89 mg/kg，耕层容重 1.294 ~ 1.568g/cm^3，孔隙度 46.35%，代换量 9.39 毫克当量/百克土。

该土种质地疏松，耕性良好，透气爽水，水气热协调，肥力较高，且长而平缓，属于兼发型，即发小苗，不发老苗，属高产土壤类型。

其剖特征，理化性状（以新集镇代咀村余河组余河新田 3—43 号剖面为例）说明如下。

0 ~ 20cm，灰黄色，沙壤，粒状结构，松，较多植物根系，有明显的铁锈斑，无石灰反应。

20 ~ 34cm，灰黄色，质地沙壤，碎块状结构，较紧，少量植物根系，大量铁锈斑纹，无石灰反应。

34 ~ 100cm，黄棕色，质地细颗沙，颗粒状结构，松，无石灰反应（表 2 - 7）。

表 2 - 7　黄沙土田化学性质

土层深度 （cm）	有机质 （g/kg）	全氮 （g/kg）	有效磷 （mg/kg）	速效钾 （mg/kg）	代换量 （毫克当量/百克土）
0 ~ 20	25. 66	1. 47	14. 38	57. 89	9. 39

2. 浅潮泥田土属

有潮粉土田一个土种。分布在箭厂河乡。土壤面积 766 亩，占该土类面积的 0. 35%，占总耕地园地面积的 0. 19%。

浅潮泥田系潮土经水耕熟化发育而成，分布在各河流两侧的湾畈上。土体发育既受灌水又受地下水的影响，剖面形态兼有潮土性土壤和淹育水稻土二元特征。通体颜色为灰黄色，质地轻壤至中壤或有闭沙层，地下水位 1 ~ 3m。据农化分析，平均有机质 22. 89g/kg，全氮 1. 09 g/kg，有效磷 6. 54mg/kg，速效钾 53. 39 mg/kg，耕层容重 1. 334 ~ 1. 504 g/cm^3，孔隙度 46. 45%，代换量为 5. 27 毫克当量/百克土。

该土种土轻松散，耕性优良，透气爽水，肥力中等，保肥能力较差，肥效短而骤，施肥只能采取少而多次施肥法，才能使作物生长发育良好。

其剖特征，理化性状（以陡山河农科组 10 ~ 4 号剖面为例）说明如下。

0 ~ 14cm，颜色淡黄，质地中壤，碎屑结构，散，大量植物根系，大量锈斑，无碳酸钙反应。

14 ~ 29cm，颜色灰黄，质地轻壤，碎块状结构，紧，较多植物根系，较多铁锈和锈斑，无碳酸钙反应。

29 ~ 100cm，颜色淡黄，质地粗沙，单粒状结构，紧，少量植物根系，少量铁锈和铁锈斑纹，无碳酸钙反应（表 2 - 8）。

表 2 - 8　潮粉土田化学性质

土层深度 （cm）	有机质 （g/kg）	全氮 （g/kg）	有效磷 （mg/kg）	速效钾 （mg/kg）	代换量 （毫克当量/百克土）
0 ~ 20	22. 89	1. 09	6. 54	53. 39	5. 27

3. 马肝泥田土属

只有黄沙泥田一个土种。全县各乡镇均有分布，土壤面积 109 286 亩，占该土类面积的 49. 81%，占总耕地园地面积的 26. 92%。

该类土壤广泛分布在全县稻区，具有典型水稻土的特征。以有潴育层而定名。剖面一般有四个层次，即淹育层（A）、渗育层（P）、潴育层（W）和母质层（C），剖面构型为 A-P-W-C 型。也有的因潴育层深厚或稻具潜育化特征，只有 3 层，剖面构型为 A-P-W、A-P-C 或 A-W。土层颜色黄棕带灰，铁、锰结核呈明显的聚积状态，或因此层铁、锰淀积虽然不明显，但颜色较重，多为深色，且具有大量棕黄色斑点与纹网相间出现，胶膜发育十分明显。据农化分析，平均有机质 25. 16 g/kg，全氮 1. 28 g/kg，有效磷 8. 86 mg/kg，速效钾 65. 99 mg/kg，耕层容重 1. 023 ~ 1. 544 g/cm^3，孔隙度 54. 69%。代换量为 10. 36 毫克当量/百克土。

该土种肥力高，土体构型良好，疏松易耕，并有良好的肥力基础和物理环境，水热气肥等都比较协调所以属兼发型土壤，既发棵又拔籽属高产土壤类型。

其剖面特征，理化性状（以吴陈河镇小河边村钟队组 4～21 号剖面为例）说明如下。

0～20cm，浅青灰色，质地中壤，碎块状结构，紧，较多植物根系，较多铁锈斑纹，少量铁、锰结核，无石灰反应。

20～31cm，灰褐色，质地中壤，碎块状结构，紧，较多植物根系，较多铁锈斑纹，少量铁、锰结核，无石灰反应。

31～83cm，浅灰褐色，质地中壤，块状结构，紧，少量植物根系，较多铁、锰结核，胶膜明显，无石灰反应。

83～100cm，棕黄色，质地轻壤，块状结构，紧，大量铁、锰结核，胶膜明显，无石灰反应（表 2－9）。

表 2－9　黄沙泥田化学性质

土层深度 （cm）	有机质 （g/kg）	全氮 （g/kg）	有效磷 （mg/kg）	速效钾 （mg/kg）	代换量 （毫克当量/百克土）
0～20	25.16	1.28	8.86	65.99	10.36

4. 青沙泥田土属

（1）表潜青沙泥田。除陈店、郭家河、箭厂河 3 个乡没有分布外，其余乡镇均有分布。土壤面积 88 039 亩，占该土类面积的 40.12%，占总耕地园地面积的 19.52%。

该土种质地轻壤，表层棕黄色，碎屑结构，大量铁锈斑纹和胶膜，无石灰反应。据农化样分析，平均有机质 25.33g/kg，全氮 1.29g/kg，有效磷 9.02mg/kg，速效钾 63.38mg/kg，代换量为 8.5 毫克当量/百克土。

该土种耕层出青泥层，糊泥松软，水耕容易，耐旱性强，经常出现旱年增产的现象，速效养分缺乏，土粒分散，温度低，还原物质多，酸度高等特点。轮茬种旱时整地困难，一年一季，复种指数低。该土种是需加改良的低产土种。

其剖面特征，理化性状（以千斤乡杨店中湾组 5～48 号剖面为例）说明如下。

0～17cm，棕黄色，质地轻壤，碎屑结构，松，大量植物根系，大量铁锈斑纹和胶膜，无石灰反应。

17～35cm，黄灰色，质地沙壤，碎屑结构，较紧，较多植物根系，大量灰色胶膜，无石灰反应。

35～100cm，浅黄灰色，质地沙壤，碎屑结构，较紧，大量胶膜和铁锰结核沉积，无石灰反应（表 2－10）。

表 2－10　表潜青沙泥田化学性质

土层深度 （cm）	有机质 （g/kg）	全氮 （g/kg）	有效磷 （mg/kg）	速效钾 （mg/kg）	代换量 （毫克当量/百克土）
0～20	25.33	1.29	9.02	63.38	8.5

（2）浅位青沙岗泥田。分布在箭厂河、卡房、泗店、苏河、香山湖管理区，土壤面积

3 060亩，占该土类面积的1.39%，占总耕地园地面积的0.75%。

该土种质地轻壤，50cm内出现大于20cm的青泥层，表层灰黄色，碎块状结构，大量铁锈斑纹，无石灰反应。据农化样分析，平均有机质23.82g/kg，全氮1.26g/kg，有效磷8.47mg/kg，速效钾71.73mg/kg，代换量为9.5毫克当量/百克土。

该土种表层耕性和表潜青沙岗泥田基本相同，不同的是青泥层出现位置较表潜青泥田深，耕层较厚，潜在肥力高，但速效养分缺乏，黏重的滞水层而形成的囊水。中潜和冷浸田面积，在新县水稻土的分布中占有一定的比例。

其剖面特征，理化性状（以新集镇代咀村清水组3—42号剖面为例）说明如下。

0~15cm，灰黄色，质地轻壤，碎块状结构，松，大量植物根系，有大量铁锈斑，无石灰反应。

15~26cm，黄灰色，质地中壤，块状结构，较紧，较多植物根系，大量铁锈斑，无石灰反应。

26~56cm，暗黄灰色，质地中壤，梭块状结构，较紧，少量植物根系，铁锈斑，无石灰反应。

56~100cm，黄灰色，质地中壤，块状结构，较紧，少量植物根系，铁锈斑明显，有少量铁子（表2-11）。

表2-11 浅位青沙岗泥田化学性质

土层深度（cm）	有机质（g/kg）	全氮（g/kg）	有效磷（mg/kg）	速效钾（mg/kg）	代换量（毫克当量/百克土）
0~20	23.82	1.26	8.47	71.73	9.5

（3）底潜青沙泥田。分布在陈店、箭厂河、千斤、吴陈河、新集镇，土壤面积17 186亩，占该土类面积的7.83%，占总耕地面积的4.23%。

该土种质地中壤，表层黄灰色，块状结构，大量铁锈斑纹，无石灰反应。据农化样分析，平均有机质23.51g/kg，全氮1.19g/kg，有效磷8.53mg/kg，速效钾72.7mg/kg，代换量为13.9毫克当量/百克土。

本土种青泥层出现位置深，水耕容易，耐旱性强，但水土温度低，养分转化也慢，还原物质多，氧化还原电位低，含量较多的有机酸、氧化亚铁等有毒物质，抑制稻根对磷、钾元素的吸收，表现突出的缺磷症。因此，注意增施有机肥，调配氮、磷、钾比例施肥，以保证施肥效益。

其剖面特征，理化性状（以陈店乡杜湾村15—18号剖面为例）说明如下。

0~15cm，黄灰色，质地中壤，块状结构，松，大量铁锈斑纹，无石灰反应。

15~65cm，灰棕黄色，质地中壤，块状结构，紧，较多植物根系，有大量铁、锰结核和铁锈斑纹，胶膜明显，无石灰反应。

65~100cm，青灰色，质地轻壤，泥块状结构，较紧，少量植物根系，大量灰色胶膜，无石灰反应，通体有大量云母片（表2-12）。

表 2 - 12　底潜青沙泥田化学性质

土层深度 （cm）	有机质 （g/kg）	全氮 （g/kg）	有效磷 （mg/kg）	速效钾 （mg/kg）	代换量 （毫克当量/百克土）
0～20	23.51	1.19	8.53	72.70	13.9

（二）黄棕壤

1. 硅铝质黄棕壤土属

（1）薄层硅铝质黄棕壤性土。分布在八里畈、陡山河、郭家河、浒湾、箭厂河、苏河，土壤面积 6 221 亩，占该土类面积的 2.69%，占总耕地面积的 1.53%。

该土种质地轻壤，表层浅黄色，碎块结构，无石灰反应。农化样分析，平均有机质 23.55 g/kg，全氮 1.21 g/kg，有效磷 7.91 mg/kg，速效钾 63.58 mg/kg，代换量为 14.5 毫克当量/百克土。

本土种质地沙壤，土体结构疏松，保水保肥能力差，微生物活跃，有机养分积累少，作物生长瘦弱，发小不发老，产量低而不稳，但土壤松散，易耕耙，适耕期长，增施有机肥，调速效氮、磷、钾施肥时期。

其剖面特征，理化性状（以箭厂河乡李洼村刘洼组 14—19 号剖面为例）说明如下。

0～27cm，浅黄色，质地轻壤，碎块结构，松，大量植物根系，无石灰反应。

27～100cm，棕黄色，半风化物，块状结构，紧，少量植物根系，无石灰反应（表 2 - 13）。

表 2 - 13　薄层硅铝质黄棕壤性土化学性质

土层深度 （cm）	有机质 （g/kg）	全氮 （g/kg）	有效磷 （mg/kg）	速效钾 （mg/kg）	代换量 （毫克当量/百克土）
0～20	23.55	1.21	7.91	63.58	14.5

（2）中层硅铝质黄棕壤性土。分布在八里畈、陡山河、陈店、卡房、千斤、箭厂河、沙窝、吴陈河、香山湖管理区、新集镇，土壤面积 13 905 亩，占该土类面积的 6.02%，占总耕地园地面积的 3.08%。

该土种质地沙壤，表层黄灰色，碎块结构，无石灰反应，砾石含量大于 30%。农化样分析，平均有机质 25.1 g/kg，全氮 1.29 g/kg，有效磷 8.93mg/kg，速效钾 65.41mg/kg，代换量为 4.5 毫克当量/百克土。

本土种耕作层均为壤质，土粒松散，较易耕作，适耕期长，由于母质是各种岩石风物，所以在机械组成方面沙黏含量高，保水保肥性能差，耐涝不耐旱，土壤肥力贫乏，发老苗不发小苗，但适作物广（表 2 - 14）。

表 2 - 14　中层硅铝质黄棕壤性土化学性质

土层深度 （cm）	有机质 （g/kg）	全氮 （g/kg）	有效磷 （mg/kg）	速效钾 （mg/kg）	代换量 （毫克当量/百克土）
0～20	25.10	1.29	8.93	65.41	4.5

（3）厚层硅铝质黄棕壤。除浉湾以外，其余各乡镇均有分布，土壤面积107 130亩，占该土类面积的46.35%，占总耕地园地面积的23.75%。

该土种质地沙壤，表层淡黄色，小块状结构，无石灰反应，有大量云母片。农化样分析，平均有机质23.13g/kg，全氮1.16g/kg，有效磷7.82mg/kg，速效钾65.27mg/kg，代换量为12.6毫克当量/百克土。

本土种水土流失严重，有机质极为缺乏，代换量小，肥效短而猛，后劲不足，作物易早衰，土壤质地较轻，雨后板结，干耕起坷垃，湿耕起泥条，极易发生烂种，团粒结构少，土壤缓冲性差，稳湿性、稳水性、稳肥性不好，往往出现施肥少长不好，施肥多出现倒伏现象。应增施有机肥、磷肥，种植绿肥，提高土壤肥力。

其剖面特征，理化性状（以周河乡周河村7—67号剖面为例）说明如下。

0～15cm，淡黄色，质地沙壤，小块状结构，松，较多植物根系，无石灰反应，有大量云母片。

15～38cm，棕黄色，质地沙壤，碎块状结构，少量植物根系，土块表面上有大量棕红色胶膜。

38～100cm，淡黄色，质地沙壤，粒状结构，紧，少量植物根系（表2-15）。

表2-15 厚层硅铝质黄棕壤化学性质

土层深度 （cm）	有机质 （g/kg）	全氮 （g/kg）	有效磷 （mg/kg）	速效钾 （mg/kg）	代换量 （毫克当量/百克土）
0～20	23.13	1.16	7.82	65.27	12.6

2. 沙泥质黄棕壤

（1）中层沙泥质黄棕壤。除浉湾、泗店、苏河、田铺以外，其余各乡镇均有分布，土壤面积32 367亩，占该土类面积的14%，占总耕地园地面积的7.18%。

该土种质地沙壤，表层暗灰色，团粒结构，无石灰反应，大量菌丝体和虫粪、胶膜明显，砾石含量小于30%。农化样分析，平均有机质23.88g/kg，全氮1.28g/kg，有效磷8.85mg/kg，速效钾65.48mg/kg，代换量为9.8毫克当量/百克土。

本土种母质为沙岩，较易风化，物理性黏粒含量较高，保水保肥性强，基岩风化强烈，产生许多裂隙，有利于根系下扎。山体上部土层较浅，坡度大，砾石含量较高，也较瘠薄，宜发展林业；山体中部土层较松，坡度较缓，砾石含量相对减少，养分含量较高，宜发展经济林；山体下部土层深厚，坡度缓，砾石小而少，山上流失的水土多在此堆积，可开垦为茶园和药材基地。

其剖面特征，理化性状（以卡房乡卡房村林场组老君山山顶11-19号剖面为例）说明如下。

0～34cm，暗灰色，质地轻壤，团粒结构，松，大量植物根系，无石灰反应，大量菌丝体和虫粪，砾石含量小于30%。

34～49cm，棕褐色，质地沙壤，团粒结构，较松，较多植物根系，无石灰反应，较少菌丝体，土块上有明显的胶膜，砾石含量小于30%。

49～100cm，岩石半风化物（表2-16）。

表 2 – 16　中层沙泥质黄棕壤化学性质

土层深度 （cm）	有机质 （g/kg）	全氮 （g/kg）	有效磷 （mg/kg）	速效钾 （mg/kg）	代换量 （毫克当量/百克土）
0～20	24.88	1.28	8.85	65.48	9.8

（2）厚层沙泥质黄棕壤。除陡山河、卡房、沙窝以外，其余各乡镇均有分布，土壤面积 72 524 亩，占该土类面积的 31.38%，占总耕地园地面积的 16.08%。

该土种质地中壤，碎屑结构，无石灰反应，砾石含量大于 30%。农化样分析，平均有机质 25.15g/kg，全氮 1.29g/kg，有效磷 9.52mg/kg，速效钾 66.39mg/kg，代换量为 12.7 毫克当量/百克土。

该土种土壤风化层厚，母岩结构较紧，养分含量比较高，有利于植物生长，且地势坡度较大，高低不平，表面易侵蚀，水土流失严重，不宜农耕，宜发展茶园、板栗园或发展牧业的草场，被农耕地应退耕还林、还牧。

其剖面特征，理化性状（以苏河乡新光村上向洼组 209 西坡 6—37 号剖面为例）说明如下。

0～30cm，灰褐色，质地中壤，碎屑结构，松，大量植物根系，大量虫粪、腐殖质，无石灰反应，砾石含量大于 30%。

30～38cm，黄灰色，质地中壤，单粒状结构，较松，大量植物根系，无石灰反应，少量虫粪、胶膜，砾石含量大于 30%。

38～100cm，棕红色，半风化物，质地沙壤，单粒状结构，紧，较多植物根系，无石灰反应（表 2 – 17）。

表 2 – 17　厚层沙泥质黄棕壤化学性质

土层深度 （cm）	有机质 （g/kg）	全氮 （g/kg）	有效磷 （mg/kg）	速效钾 （mg/kg）	代换量 （毫克当量/百克土）
0～20	25.15	1.29	9.52	66.39	12.7

（三）潮土

1. 灰潮沙土土属

灰沙壤土。分布在八里畈，土壤面积 31 亩，占该土类面积的 7.05%，占总耕地园地面积的 0.001%。质地为沙壤，表层灰黄色，单粒状结构，土壤水平沉积层次分明，有时有壤沙层出现，结构石上有少量铁锈斑纹，有夜潮能力，无石灰反应。农化样分析，平均有机质 20.17g/kg，全氮 1.14g/kg，有效磷 10.33mg/kg，速效钾 90.67mg/kg，代换量为 4.5 毫克当量/百克土。

本土种通风透水、地温高、发苗快、易耕作等优点，但它黏粒含量低，黏粒性差，养分贫乏，保水不保肥，发苗不拔籽，由于处在靠近河边的地形部位上，而且多灌溉设施，因此，既怕旱又怕涝。宜发展经济林和牧草基地。

其剖面特征，理化性状（以八里畈乡八里村街南组 2—31 号剖面为例）说明如下。

0～13cm，灰黄色，质地松沙，单粒状结构，松，大量植物根系，无石灰反应。

13～46cm，灰黄色，质地松沙，单粒状结构，松，较多植物根系，有铁锈斑纹，无石灰反应。

46～100cm，灰黄色，砾石、块状结构，紧，少量植物根系，无石灰反应（表2-18）。

表2-18 灰沙壤土化学性质

土层深度 （cm）	有机质 （g/kg）	全氮 （g/kg）	有效磷 （mg/kg）	速效钾 （mg/kg）	代换量 （毫克当量/百克土）
0～20	20.17	1.14	10.33	90.67	4.5

2. 灰潮壤土

底沙灰小两合土。分布在陡山河、郭家河、吴陈河，土壤面积409亩，占该土类面积的92.95%，占总耕地园地面积的0.09%。

多属壤质沉积物发育而成或由沙土熟化而成，耕层质地为壤质，碎屑状或粒状结构，下部为小块状结构。通体浅灰黄色。土层下有少量铁锈斑纹出现，地下水位1.5～3m，土体构型常有砾、沙、壤或黏等间层出现。农化样分析，平均有机质22.86g/kg，全氮1.19g/kg，有效磷8.92mg/kg，速效钾86.26mg/kg，剖面构型为A-B-C。土体容重1.32g/cm³，孔隙度49.96%，代换量7.8毫克当量/百克土。

该土种耕层沙粒含量较高，下层有松沙，土壤养分含量随着施肥水平不一而不同，在农业生产表现为漏水漏肥，不耐旱，供肥能力差。

其剖面特征，理化性状（以郭家河乡郭家河村十一组16—9号剖面为例）说明如下。

0～18cm，黄灰色，质地沙壤，碎屑状结构，松，大量植物根系，无石灰反应。

18～40cm，灰黄色，质地沙壤，小块状结构，较紧，较多植物根系，有锈斑，无石灰反应。

40～100cm，灰黄色，质地沙壤，单粒状结构，松，少量植物根系，有铁锈斑纹，无石灰反应（表2-19）。

表2-19 底沙灰小两合土化学性质

土层深度 （厘米）	有机质 （g/kg）	全氮 （g/kg）	有效磷 （mg/kg）	速效钾 （mg/kg）	代换量 （毫克当量/百克土）
0～20	22.86	1.19	8.92	86.26	7.8

第四节　耕地立地条件状况

新县主要土种的成土母质、地形部位、质地、障碍因素、侵蚀程度、有效土层厚度、地表砾石度等属性特征见表2-20。

表2-20 不同耕地土壤立地条件

土种	成土母质	地形部位	剖面构型	质地构型	障碍因素	有效耕层厚度（cm）	侵蚀程度	地表砾石度（%）	质地
黄沙土田	洪积物	低山缓坡地	A-P-C	均质中壤	无明显障碍	100	无明显侵蚀	5	中壤土
潮粉土田	冲积物	河谷阶地	A-P-C	沙底轻壤	无明显障碍	100	无明显侵蚀	5	轻壤土
黄沙泥田	洪积物	丘陵低山中下部及坡麓平坦地	A-P-W-C	均质中壤	无明显障碍	100	无明显侵蚀	5	中壤土
表潜青沙泥田	洪积物	冲垄中上部	G-P-C	沙身轻壤	潜育层	100	无明显侵蚀	5	中壤土
浅位青沙泥田	冲积物	冲垄中下部	A-G-P	沙身轻壤	潜育层	100	无明显侵蚀	5	轻壤土
底潜青沙泥田	冲积物	冲垄中下部	A-P-G	沙底轻壤	潜育层	100	无明显侵蚀	5	中壤土
薄层硅铝质黄棕壤性土	残积物	岗坡地	A-B	沙身轻壤	无明显障碍	30	无明显侵蚀	30	中壤土
中层硅铝质黄棕壤性土	残积物	丘陵低山中下部及坡麓平坦地	A-B	沙底轻壤	无明显障碍	50	无明显侵蚀	50	中壤土
厚层硅铝质黄棕壤	冲积物	岗坡地	A-C	均质沙壤	无明显障碍	50	无明显侵蚀	5	沙壤土
中层沙泥质黄棕壤	冲积物	低山缓坡地	A-B-D	沙身轻壤	无明显障碍	50	无明显侵蚀	50	沙壤土
厚层沙泥质黄棕壤	冲积物	低山缓坡地	A-B-D	均质沙壤	无明显障碍	50	无明显侵蚀	30	沙壤土
灰沙土	冲积物	河谷阶地	A-B-C	均质沙壤	沙漏层	50	无明显侵蚀	5	沙壤土
底沙灰小两合土	冲积物	河谷阶地	A-B-C	均质沙壤	沙漏层	20	无明显侵蚀	5	轻壤土

第五节 耕地改良利用与生产现状

自全国第二次土壤普查以后，针对农用耕地生产中存在的问题，提出了改良意见和建议，并组织实施了多项中低产田改良项目，针对不同区域，不同土地类型提出了相应的改良方式和措施，并进行实施，取得了一定的成效。

一、农业开发项目对耕地质量的影响

进入 21 世纪以来，新县陆续开展了农业综合开发、商品粮生产基地建设、国家级生态示范区建设、以工代赈、退耕还林等多项农业基础建设开发项目，中低产田改造、土地平整、农业生产基地建设，路、渠、网配套及提高耕地土壤质量、培肥土壤、测土配方施肥等项工作都是项目建设的重要措施和指标。在项目建设中也给予了一定的投资和重视。但建设中存在一个普遍的问题是项目多在高产农田区实施，且实施面积很小，忽视了低产耕地土壤"质"的提高。项目区生产基地的路、渠配套基本完善了，但低产田块的土壤质量的提高没有受到高度的重视；农民的技术水平也有了相应的提高，但是生产成本投入特别是在耕地改良培肥地力的投入不是太理想。因此，中低产田等耕地改良措施落实的不平衡，有待今后加以重视。

二、改良措施与效果

新县的中低产田耕地类型有以下几种：一是障碍层次型，表现为 1m 土体内存在有潜育层等不同厚度的障碍层次，影响耕地土壤的通透性、供水供肥能力及作物根系下扎和生长。二是缺素障碍型，表现为土壤脊薄，缺氮、缺磷、缺钾或缺中、微量元素，不能满足作物生长发育对养分的需求，从而影响农产品产量和质量。三是质地障碍型，成土母质为第四纪黄土、红土或岩石风化物、河流沉积物，通体土壤偏沙或偏黏，漏水、漏肥或作物根系下扎困难。不利于保水、保肥或供水、供肥，影响作物生长发育。四是坡度障碍型。耕地位于浅山缓坡或丘岗上、中部，地形起伏，有一定的坡度，易发生水、土、肥的流失，且耕层浅薄，养分贫乏。近年来，新县针对不同的低产耕地类型，采用了相应的改良技术措施。

（一）平整土地或进行坡改梯

通过工程措施提高耕地质量。新县在这方面做的工作比较多，取得的成效也很显著。2002—2010 年，在浒湾、箭河、陈店等乡镇实施了平整土地工程项目，提高耕地质量，扩大了基本农田保护地面积。每年还在南部山坡地和北部岗坡地进行了不同面积的坡改梯项目，以改善耕作条件、减少水土流失、保护生态环境。

（二）开展机械改良

利用大型农机具进行机耕深翻，打破潜育层，加深耕层，提高土壤的蓄水保肥能力。同时，利用机械粉碎植物秸秆，加大秸秆还田力度，增加土壤有机质含量提高耕层土壤肥力。对于漏水漏肥的低产田，用旋耕机进行保护性耕作，在提高耕作质量的同时，有利于保水保肥。目前，新县各类农机具发展很快，机耕机收面积占总耕作面积60%。

（三）建立合理的轮作制度，进行生物改良

扩大绿肥及豆科作物的种植面积，种养结合，提高土壤肥力。紫云英、花生、豆类等作物根系具有根瘤菌，有固氮养地的效应。扩大豆科作物种植面积，发挥生物改良的作用，同时，增加农作物的秸秆还田面积，增加留高茬的作物秸秆量和面积，可以有效地改良土壤结构，促进土壤团粒结构的形成，提高土壤肥力。现在农村的烧柴问题基本解决，作物秸秆大部分都是遗留田间。宣传组织农户利用作物秸秆还田，已成为各级政府和农技部门作为改良土壤、提高耕地土壤肥力的一项重要措施。据调查，新县每年生产秸秆资源量13.4万t，作为肥料还田量达到了11.95万t，占89.2%，还田的方式有直接还田、过腹还田、堆沤及沼气原料还田等。

（四）开展测土配方施肥，提高土壤肥力

开展测土配方施肥，推广农作物专用配方肥，提高农民的施肥技术水平，改良化肥的施用结构，提高肥料利用率。通过技术手段，摸清当地耕地土壤养分状况，实行科学施肥，缺啥补啥，缺多少补多少或略有盈余，以保障耕地土壤的基本养分供给和培肥需求，从而达到用养结合，提高耕地土壤质量之目的。测土配方施肥项目实施3年来，新县累计推广测土配方施肥技术面积106万亩次。实现节本增效4 230.9万元。其中，水稻累计35万亩，实现节本增效1 627.5万元；油菜累计推广面积30万亩，实现节本增效949.1万元；小麦、花生、红薯、茶叶、其他累计推广面积41万亩，实现节本增效1 654.3万元。2008—2010年，新县共推广应用配方肥4 000t，25万亩，总增收效益达1 520.3万元。其中，油菜392.3万元，水稻1 128万元。

三、耕地利用方式及耕作制度的发展

全县第二次土壤普查针对当时农业生产中存在的三料短缺、土壤肥力低、科学种田水平低及水、肥、土保持差等问题提出了相应的土壤改良意见。随后这些技术意见逐步得到了重视和落实。经过"八五"、"九五"、"十五"、"十一五"20多年的发展，目前，新县的耕作制度及耕地利用方式都有了很大的变化。从表2-21中的数字可以看出有以下特点：一是耕地复种指数提高，而养地作物紫云英种植面积下降。二是压粮扩油，经济作物种植面积逐年上升；三是经济作物中油料和瓜菜类作物面积增加。稻—麦轮作面积减小，而稻—油轮作面积不断增加，有利于稻田土壤改良。

表2-21　新县主要农作物不同阶段种植面积产量统计表

年度	数量项目作物	粮食作物	其中				绿肥
			水稻	小麦	油菜	花生	
1980	面积（万亩）	28.95	18.62	8.89	1.09	0.59	10
	总产（万kg）	6 717	5 200	1 263	23.5	93	12 500
1990	面积（万亩）	28.29	16.76	9.0	4.18	0.93	2.0
	总产（万kg）	8 184.7	6 888.9	1 035.4	270.2	162	2 300

（续表）

| 年度 | 作物数量项目 | 粮食作物 | 其中 | | | | 绿肥 |
			水稻	小麦	油菜	花生	
2000	面积（万亩）	26.72	16.33	7.73	5.93	1.65	2.8
	总产（万kg）	9 953	7 964.6	1 104.4	378.6	408.5	3 800
2010	面积（万亩）	22.62	18.78	1.77	10.52	3.33	5.0
	总产（万kg）	12 109.2	11 512.1	393.5	1 310.7	1 294.5	8 000

四、不同耕地类型投入产出

根据新县耕地利用方式，主要种植模式有水田、旱地、瓜菜地、果园及茶园。水田以油菜—花生、稻—油轮作或一年种植一季水稻；旱地为油菜—花生或小麦—花生或一年一季春播作物；瓜、菜园地一般常年轮作蔬菜或瓜—油轮作、茶园为常年生。根据农业生产投入产出情况调查统计（表2-22）可以看出，园地投入产出比高，经济效益好于种植粮食作物，水田的效益好于旱地。

表2-22 不同类型耕地投入产出效益表

	年肥料投入成本（元/亩）	年产值（元/亩）	投产比
水田	120	1 250	1：10.4
旱地	80	600	1：7.5
园地	200	2 300	1：11.5

第六节 耕地保养管理的简要回顾

一、耕地利用管理概况

新县是个农业山区县，种植业以水稻、油菜为主。随着工业化和城镇化建设的发展，耕地转化为非农业用地的现象凸显。20世纪90年代后，随着农业化建设水平的提高和农业内部结构调整，第一产业由单纯的种植、养殖转向农、林、牧、渔全面发展。一部分耕地转化为林业、花卉、茶园用地；另一部分耕地转化为专业化养猪、养鸡、养鸭场地或养鱼塘。为了保护和利用好耕地，政府采取了一系列措施，通过1983年的全国第二次土壤普查和多年的农业区划，先后查清了耕地数量，摸清了家底。针对耕地锐减的情况，国家先后颁布了《中华人民共和国农业法》及《中华人民共和国基本农田保护条例》，通过各级采取有力措施，有效地遏制了耕地面积锐减的状况。1998年开始，在全县实施了商品粮基地县项目建设、WFP4355项目、土地整理、基本农田保护、沃土工程等项目。连续进行项目开发，有效地改变了农业生产条件，提高了耕地质量。2007 年，根据国家政策，采取强有力措施取缔黏土烧砖窑场，进行窑场和空心村耕地复耕，有效地保护了耕地，为确保全国 18 亿亩耕地指标的实现做出了努力。

二、培肥地力

20 世纪 60 年代，主要靠农家肥培肥地力，绿肥和化肥用量较少，地力没有充分发挥，农作物产量很低。70 年代，由于耕作制度改革，复种指数提高，肥料用量大大增加，光靠农家肥满足不了要求，绿肥发展较快，养地作物由大麦、蚕豆、豌豆等作物向增种紫云英、苕子、苜蓿等绿肥作物发展，对地力提高起到了极大的作用。以后随着种植业结构调整，复种指数提高，绿肥作物面积逐年下降，而化肥的用量成倍增加。通过第二次土壤普查，针对农业生产中重用轻养、施肥结构不合理、农作物产量水平低等问题，开始在全县推广优化配方施肥技术，推广有机肥与无机肥相结合、氮磷钾大量元素与中微量元素相结合技术，达到肥料平衡配方施用。同时，针对单施氮肥、潜在性缺磷、钾等问题，开展了水稻氮调技术和补磷钾增微工程。既降低了成本，减少了污染，又提高了作物产量，改善了品质，增加了效益。2008 年，又在新县实施了测土配方施肥补贴项目，通过 3 年来测土配方施肥项目的实施，农民施肥技术水平有了相应的提高，施肥观念也有了明显的转变，施肥结构进一步优化，化肥利用率提高了 3~5 个百分点。测土配方施肥项目区通过技术人员的技术指导和培训、宣传，免费为农民测土、为作物提供施肥配方及发放施肥建议卡等多种形式，推广应用科学施肥技术，激发了广大农户应用测土配方施肥技术和施配方肥的积极性。通过项目的实施，农民的科学施肥意识提高了；偏施氮肥、过量施肥、盲目施肥的现象减少了；施肥结构、施肥时期、施肥方法趋于合理；配套的高产高效实用技术也随之得到了普及，科学技术对农业增产的作用越来越显著，科技贡献率不断提高。土壤肥力也不断提高，减少了面源污染，保护农业生态环境。

三、改造中低产田

20 世纪 80 年代后，全县每年都多次采取大规模兴修水利、平整土地、重点治理冲谷久水田等措施，改造中、低产田，进行田、林、路、渠综合治理。完善了水利设施，修建了机耕路面，建立了田间林网，改善了生态环境。同时，通过机耕机耙，加深耕层、增施肥料、培肥地力等措施将部分中、低产田变成了稳产高产农田。2008 年，又通过大力推广测土配方施肥、提高农户施肥技术水平、改善化肥施构，农民施肥由过去的盲目施肥变为科学施肥，施用的化肥品种，由过去的低浓度、单一型变成了高浓度的配方肥、复混肥，使耕地中的土壤养分比例逐渐合理，中、低产田的耕地土壤肥力也在不断提高。

第三章　耕地土壤养分

2008—2010 年，借助测土配方施肥补贴项目，我们对全县耕地土壤的有机质、大量元素、微量元素以及土壤物理属性进行了调查分析，在检测的 6 482 个样品中筛选 2 045 个样品的检测数据参与评价，充分了解各个营养元素的含量状况及不同级别面积分布，不同土壤类型、质地等耕地土壤属性的现状。获取了大量的调查数据，为耕地地力评价创造了条件。

第一节　有机质

有机质是土壤的重要组成部分，与土壤的发生、演变、肥力水平和土壤的其他属性关系密切。土壤有机质含有农作物生长所需的多种营养元素，分解后可直接为农作物提供营养：有机质具有改善土壤理化性状，影响土壤结构形成及通气、渗透、缓冲、交换性能和保水保肥性能，是评价耕地地力的重要指标。对耕作土壤来说，培肥的中心环节就是增施各种有机肥，实行秸秆还田，保持和提高有机质含量。

一、不同土壤类型有机质状况

根据土壤样品测试结果，新县土壤有机质含量平均为 25.0g/kg，最大值 67.6g/kg，最小值 2.0 g/kg。本次土壤样品测试结果，有机质含量以水稻土最高，其次是黄棕壤和潮土（表 3 - 1）。

表 3 - 1　新县不同土类有机质含量表

省土类名称	水稻土	黄棕壤	潮土	全县
平均值（g/kg）	25.27	20.77	19.45	25.0
最大值（g/kg）	67.6	64.2	38.8	
最小值（g/kg）	2.3	3.5	2.0	
标准差	6.02	8.84		

二、有机质含量的区域和乡镇分布

土壤有机质在 16 个乡镇的分布上，含量大于 25.00g/kg 以上的乡镇的有 7 个，25g/kg以下的乡镇有 9 个，最高的是卡房乡 28.56g/kg，最低的是箭厂河乡 22.55g/kg。在区域分布上中部深山区有机质含量高于其他区域，详见表 3 - 2。

表3-2　新县各乡镇土壤有机质平均含量表　　　　（单位：g/kg）

北部低山区		中部中山区		南部低山区	
乡镇名称	有机质	乡镇名称	有机质	乡镇名称	有机质
苏河	24.89	田铺	27.44	箭厂河	22.55
沙窝	28.11	周河	27.53	郭家河	25.09
八里畈	24.69	新集	26.68	陈店	24.17
浒湾	24.56	卡房	28.56	泗店	23.95
吴陈河	24.19	香山湖管理区	24.75		
千斤	25.11	陡山河	23.90		
平均	25.22		26.15		23.73

三、耕层土壤有机质各级别状况

从有机质含量7个等级在全县分布情况看，含量在4级的最多，其次是5级，说明新县土壤有机质含量在中级水平，详见表3-3。

表3-3　新县土壤有机质分级表

有机质等级	分级标准	样点数	百分比（%）	面积（万亩）
1级	<6.0	8	0.39	0.10
2级	6.0~10.0	8	0.39	0.10
3级	10.0~20.0	295	14.43	3.31
4级	20.0~30.0	1 318	64.45	16.82
5级	30.0~40.0	354	17.3	4.52
6级	40.0~60.0	57	2.79	0.73
7级	>60.0	5	0.24	0.064

四、土壤有机质变化趋势

与第二次土壤普查值相比，全县土壤有机质含量有所上升，升幅达到22.70%。其中，黄棕壤有机质含量升幅达到38.47%，其次水稻土升幅达35.86%。不同土类有机质变化趋势，详见表3-4。

表3-4　耕地土壤有机质变化状况

	第二次土壤普查养分值（g/kg）	2008—2010年养分值（g/kg）	增长率（%）
全县	20.62（包括非耕地）	25.3	+22.70
水稻土	18.6	25.27	+35.86
黄棕壤	15.0	20.77	+38.47

第二节 大量元素

一、全氮

氮素是农作物不可缺少的重要元素。土壤中的氮素主要以有机态氮存在，有机态氮在一定的耕作条件下，经过微生物的分解作用，转化为无机态氮，供作物吸收利用。有机态氮和无机态氮的总和称为全氮。土壤全氮能体现土壤氮素的基础，而且还能反映土壤潜在肥力的高低，即土壤的供氮潜力，是土壤肥力主要指标之一。

（一）不同土壤类型全氮含量状况

根据土壤样品测试结果，新县土壤全氮含量平均为 1.22g/kg，最大值 2.76g/kg，最小值 0.01g/kg。本次土壤样品测试结果，全氮含量以水稻土最高，其次是黄棕壤和潮土，详见表 3－5。

表 3－5 新县不同土类全氮含量表

省土类名称	水稻土	黄棕壤	潮土	全县
平均值（g/kg）	1.29	1.18	0.95	1.22
最大值（g/kg）	2.76	2.1	1.80	
最小值（g/kg）	0.01	0.09	0.02	
标准差	0.35	0.36		

（二）全氮含量的区域和乡镇（区）分布

土壤全氮在 16 个乡镇的分布上，大于 1.0g/kg 以上的乡镇有 15 个，1.0 g/kg 以下的乡镇只有一个，最高的是田铺乡 1.52 g/kg，最低的是香山湖管理区 0.70g/kg。在区域分布上，中部中山区全氮含量最低，北部与南部持平，详见表 3－6。

表 3－6 新县各乡镇土壤全氮平均含量表

北部低山区		中部中山区		南部低山区	
乡镇名称	全氮（g/kg）	乡镇名称	全氮（g/kg）	乡镇名称	全氮（g/kg）
苏河镇	1.47	田铺乡	1.52	箭厂河乡	1.17
沙窝镇	1.40	周河乡	1.34	郭家河乡	1.36
八里畈镇	1.22	新集镇	1.35	陈店乡	1.26
浒湾乡	1.22	卡房乡	1.22	泗店乡	1.37
吴陈河镇	1.24	香山湖管理区	0.70		
千斤乡	1.34	陡山河乡	1.06		
平均	1.32		1.21		1.27

（三）耕层土壤全氮各级别状况

从全氮含量6个等级在全县分布情况看，含量在3级的样品最多，其次是2级，说明新县土壤全氮含量处在中低水平，详见表3-7。

表3-7 新县土壤全氮分级表

全氮等级	分级标准	样点数	百分比（%）	面积（万亩）
1级	<0.5	95	4.65	1.21
2级	0.5~1.0	493	24.13	6.29
3级	1.0~1.5	987	48.31	12.60
4级	1.5~2.0	382	18.69	4.88
5级	2.0~2.5	83	4.06	1.06
6级	>2.5	3	0.15	0.04

（四）土壤全氮变化趋势

与第二次土壤普查值相比，全县土壤全氮含量有所上升，升幅达到1.6%。其中，以水稻土全氮含量上升最大，升幅达到7.5%，其次黄棕壤升幅达6.3%。不同土类全氮变化趋势，详见表3-8。

表3-8 土壤全氮变化状况

	第二次土壤普查养分值（g/kg）	2008—2010年养分值（g/kg）	增长率（%）
全县	1.20（包括非耕地）	1.22	+1.6
水稻土	1.20	1.29	+7.5
黄棕壤	1.11	1.18	+6.3

二、有效磷

土壤中的有效磷一般以无机态磷和有机态磷形式存在，通常有机态磷占全磷的35%左右，无机态磷占全磷的65%左右。无机态磷中易溶性磷酸盐和土壤胶体中吸附的磷酸根离子以及有机形态磷中易矿化的部分，被视为有效磷，约占土壤磷的10%左右。有效磷含量是衡量土壤养分含量和供应强度的重要指标。

（一）不同土壤类型有效磷分布状况

根据土壤样品测试结果，新县土壤有效磷含量平均为8.5mg/kg，最大值58.8mg/kg，最小0.3mg/kg；本次土壤样品测试结果，有效磷含量以潮土最高，其次是水稻土和黄棕壤，详见表3-9。

表3-9 新县不同土类有效磷（P）含量表

省土类名称	水稻土	黄棕壤	潮土	全县
平均值（mg/kg）	8.89	7.91	10.2	8.5
最大值（mg/kg）	58.8	35.5	30.5	
最小值（mg/kg）	0.3	1.1	4.5	
标准差	8.04	5.33	2.3	

（二）有效磷含量的区域和乡镇（区）分布

土壤有效磷在 16 个乡镇的分布上，大于 10mg/kg 以上的乡镇有 6 个，10mg/kg 以下的乡镇有 10 个，最高的是香山湖管理区 13.6mg/kg，最低的是陈店乡 6.51mg/kg。在区域分布上，中部深山区有效磷含量最高，北部浅山区有效磷含量最低，详见表 3 - 10。

表 3 - 10　新县各乡镇土壤有效磷（P）平均含量表　　　　　　（单位：mg/kg）

北部低山区		中部中山区		南部低山区	
乡镇名称	有效磷	乡镇名称	有效磷	乡镇名称	有效磷
苏河镇	7.51	田铺乡	9.19	箭厂河乡	10.10
沙窝镇	8.81	周河乡	10.82	郭家河乡	10.34
八里畈镇	8.17	新集镇	10.97	陈店乡	6.51
浒湾乡	6.95	卡房乡	8.34	泗店乡	10.68
吴陈河镇	7.58	香山湖管理区	13.6		
千斤乡	7.59	陡山河乡	8.84		
平均	7.82		10.27		9.00

（三）耕层土壤有效磷各级别状况

从有效磷含量 7 个等级在全县分布情况看，含量在 3 级的样品最多，其次是 2 级，说明新县土壤有效磷含量处在中低水平，详见表 3 - 11。

表 3 - 11　新县土壤有效磷（P）含量分级表

有效磷等级	分级标准	样点数	百分比（%）	面积（万亩）
1 级	<2.0	92	4.57	1.19
2 级	2.0 ~ 4.0	488	24.24	6.33
3 级	4.0 ~ 8.0	683	33.93	8.86
4 级	8.0 ~ 12.0	272	13.51	3.53
5 级	12.0 ~ 16.0	185	9.19	2.39
6 级	16.0 ~ 20.0	77	3.83	0.99
7 级	>20.0	216	10.73	2.80

（四）土壤有效磷变化趋势

与第二次土壤普查值相比，全县土壤有效磷含量有所上升，升幅达到 3.65%。水稻土升幅达 50.7%，黄棕壤降幅达到 11.7%。不同土类有效磷变化趋势，详见表 3 - 12。

表 3 - 12　土壤有效磷（P）变化状况

	第二次土壤普查养分值（g/kg）	2008—2010 年养分值（g/kg）	增长率（%）
全县	8.2（包括非耕地）	8.5	+3.65
水稻土	5.90	8.89	+50.7
黄棕壤	8.96	7.91	-11.7

三、速效钾

(一) 不同土壤类型速效钾分布状况

通常土壤中存在水溶性钾，因为这部分钾能很快地被植物吸收利用，故称为速效钾。根据土壤样品测试结果，新县土壤速效钾含量平均为 65.5mg/kg，最大值是 448mg/kg，最小值是 4mg/kg。本次土壤样品测试结果，速效钾含量以黄棕壤最高，详见表 3-13。

表 3-13　新县不同土类速效钾 (K) 含量表

省土类名称	水稻土	黄棕壤	潮土	全县
平均值 (mg/kg)	65.28	70.76	63.1	65.5
最大值 (mg/kg)	448	269	287	
最小值 (mg/kg)	4	20	17	
标准差	34.67	35.25		

(二) 速效钾含量的区域和乡镇 (区) 分布

土壤速效钾在 16 个乡镇的分布上，67.0mg/kg 以上的乡镇有 9 个，67.0mg/kg 以下的乡镇有 7 个，最高的是箭厂河乡 73.34mg/kg，最低的是新集镇 58.26mg/kg；在区域分布上，南部浅山区速效钾含量最高，中部中山区和北部浅山区差异不大，详见表 3-14。

表 3-14　新县各乡镇土壤速效钾 (K) 平均含量表　　　　　(单位：mg/kg)

北部低山区		中部中山区		南部低山区	
乡镇名称	速效钾	乡镇名称	速效钾	乡镇名称	速效钾
苏河镇	67.43	田铺乡	63.32	箭厂河乡	73.34
沙窝镇	62.11	周河乡	59.87	郭家河乡	68.33
八里畈镇	67.03	新集镇	58.26	陈店乡	69.86
浒湾乡	69.39	卡房乡	65.35	泗店乡	68.06
吴陈河镇	69.51	香山湖管理区	71.15		
千斤乡	60.01	陡山河乡	60.35		
平均	65.62		61.54		70.37

(三) 耕层土壤速效钾各级别状况

在速效钾含量的 7 个等级中，二级样品最多，占总样品的 66.6%，说明新县速效钾含量处于低水平，详见 3-15。

表 3-15　新县土壤速效钾 (K) 分级表

速效钾等级	分级标准	样点数	百分比 (%)	面积 (万亩)
1 级	<40	249	12.18	3.17
2 级	40~80	1362	66.60	17.38
3 级	80~120	289	14.13	3.68
4 级	120~160	79	3.86	1.01
5 级	160~200	22	1.08	0.28
6 级	200~240	22	1.08	0.28
7 级	>240	22	1.08	0.28

（四）土壤速效钾变化趋势

与第二次土壤普查值相比，全县土壤速效钾含量有所下降，降幅达到 47.42%。其中，以水稻土速效钾含量下降最大，降幅达到 53.17%，其次黄棕壤降幅达 52.95%。不同土类速效钾变化趋势，详见表 3-16。

表 3-16　土壤速效钾（K）变化状况

	第二次土壤普查养分值（g/kg）	2008—2010 年养分值（g/kg）	增长率（%）
全县	124.2（包括非耕地）	65.5	-47.42
水稻土	139.4	65.28	-53.17
黄棕壤	150.4	70.76	-52.95

第三节　中微量元素

微量元素是指土壤和植物中含量极低的元素，其含量范围为百万分之几到十万分之几，一般不会超过千分之几。土壤中微量元素是土壤的重要组成部分，是表证土壤质量的重要因子。研究土壤中微量元素含量及空间变化，对认识本区农业生产合理布局、生产实践都具有重要意义。

一、有效铜

（一）不同土壤类型有效铜含量状况

新县有效铜平均值为 3.63mg/kg，最大值是 55.1mg/kg，最小值是 0.09mg/kg。从样品检测结果看水稻土有效铜含量高，依次是黄棕壤、潮土，详见表 3-17。

表 3-17　新县不同土类有效铜含量表

省土类名称	水稻土	黄棕壤	潮土
平均值（mg/kg）	3.63	2.15	1.87
最大值（mg/kg）	55.1	9.22	7.2
最小值（mg/kg）	0.66	0.13	0.09
标准差	4.63	1.73	

（二）耕层土壤有效铜分级状况

在有效铜的 7 个等级中，5 级、6 级和 7 级的样品占的较多，说明新县土壤有效铜多数处于中高水平，详见表 3-18。

表 3 - 18   新县不同等级土壤有效铜含量表

有效铜等级	分级标准	样点数	百分比（%）	面积（万亩）
1 级	<0.1	0	0	0
2 级	0.1~0.2	2	0.65	0.17
3 级	0.2~1.0	42	13.68	3.57
4 级	1.0~1.8	44	14.33	3.74
5 级	1.8~2.6	76	24.76	6.46
6 级	2.6~3.4	67	21.82	5.69
7 级	>3.4	76	24.76	6.46

二、有效铁

（一）不同土壤有效铁含量状况

新县有效铁平均值为 151.29mg/kg，最大值是 320.4mg/kg，最小值是 1.1mg/kg。从样品检测结果看，水稻土有效铁含量高，依次是黄棕壤、潮土，详见表 3 - 19。

表 3 - 19   新县不同土类有效铁含量表

省土类名称	水稻土	黄棕壤	潮土
平均值（mg/kg）	151.29	119.17	98.3
最大值（mg/kg）	320.4	311.3	201.7
最小值（mg/kg）	1.1	15.4	10.5
标准差	68.27	73.46	

（二）耕层土壤有效铁分级状况

有效铁 6 个等级中，6 级占的比例最大，说明新县土壤有效铁处于极高水平，详见表 3 - 20。

表 3 - 20   新县土壤有效铁分级表

有效铁等级	分级标准	样点数	百分比（%）	面积（万亩）
1 级	<4.5	1	0.38	0.09
2 级	4.5~10.0	2	0.76	0.19
3 级	10.0~20.0	6	2.27	0.59
4 级	20.0~30.0	4	1.52	0.40
5 级	30.0~40.0	8	3.03	0.79
6 级	>40.0	243	92.05	24.02

三、有效锰

（一）不同土壤类型有效锰状况

新县有效锰平均值为58.38mg/kg，最大值是284.0mg/kg，最小值是3.1mg/kg。从样品检测结果看，水稻土有效锰含量高，依次是潮土、黄棕壤，详见表3-21。

表3-21 新县不同土类有效锰含量表

省土类名称	水稻土	黄棕壤	潮土
平均值（mg/kg）	58.38	24.31	25.4
最大值（mg/kg）	284.0	97.9	108.3
最小值（mg/kg）	3.1	3.9	7.8
标准差	45.83	18.43	

（二）耕层土壤有效锰分级状况

有效锰7个等级中，7级、4级和3级占的样品较多，说明新县土壤有效锰含量高低不均，详见表3-22。

表3-22 新县土壤有效锰分级表

有效锰等级	分级标准	样点数	百分比（%）	面积（万亩）
1级	<1.0	0	0	0
2级	1.0~5.0	9	3.3	0.87
3级	5.0~15.0	56	20.82	5.43
4级	15.0~30.0	60	22.30	5.82
5级	30.0~45.0	29	10.78	2.81
6级	45.0~60.0	33	12.27	3.20
7级	>60.0	82	30.48	7.96

四、有效锌

（一）不同土壤类型有效锌含量状况

新县有效锌平均值为1.49mg/kg，最大值是3.53mg/kg，最小值是0.03mg/kg；从样品检测结果，看水稻土有效锌含量最高，依次是潮土、黄棕壤，详见表3-23。

表3-23 新县不同土类有效锌含量表

省土类名称	水稻土	黄棕壤	潮土
平均值（mg/kg）	1.49	1.28	1.33
最大值（mg/kg）	3.53	5.56	6.1
最小值（mg/kg）	0.04	0.03	0.05
标准差	3.89	0.90	

（二）耕层土壤有效锌分级状况

有效锌 7 个等级中，4 级和 3 级占的比例较多，说明新县土壤有效锌多数处于中和中低水平，详见表 3 - 24。

表 3 - 24　新县土壤有效锌含量状况

有效锌等级	分级标准	样点数	百分比（%）	面积（万亩）
1 级	<0.3	26	9.03	2.36
2 级	0.3 ~ 0.5	22	7.64	1.99
3 级	0.5 ~ 1.0	71	24.65	6.43
4 级	1.0 ~ 2.0	128	44.44	11.6
5 级	2.0 ~ 3.0	34	11.81	3.08
6 级	3.0 ~ 4.0	4	1.39	0.36
7 级	>4.0	3	1.04	0.27

五、水溶态硼

（一）不同土壤类型水溶态硼含量状况

新县水溶态硼平均值为 0.27mg/kg，最大值是 2.51mg/kg，最小值是 0.01mg/kg；从样品检测结果看，黄棕壤水溶态硼含量高，详见表 3 - 25。

表 3 - 25　新县不同土类水溶态硼含量表

省土类名称	水稻土	黄棕壤	潮土
平均值（mg/kg）	0.27	0.38	0.30
最大值（mg/kg）	2.51	1.92	1.72
最小值（mg/kg）	0.01	0.03	0.04
标准差	0.33	0.32	

（二）耕层土壤水溶态硼分级状况

水溶态硼 5 个等级中，1 级和 2 级占的比例较多，说明新县土壤水溶态硼多数处于极低和低水平，详见表 3 - 26。

表 3 - 26　新县土壤水溶态硼分级表

水溶态硼等级	分级标准	样点数	百分比（%）	面积（万亩）
1 级	<0.2	101	46.76	12.20
2 级	0.2 ~ 0.5	80	37.04	9.67
3 级	0.5 ~ 1.0	30	13.89	3.63
4 级	1.0 ~ 1.5	1	0.46	0.12
5 级	1.5 ~ 2.0	4	1.85	0.48

六、有效硫

（一）不同土壤类型有效硫含量状况

新县有效硫平均值为 68.82mg/kg，最大值是 181.1mg/kg，最小值是 12.9mg/kg；从样品检测结果看，黄棕壤有效硫含量高，详见表 3-27。

表 3-27　新县不同土类有效硫含量表

省土类名称	水稻土	黄棕壤	潮土
平均值（mg/kg）	68.82	73.08	
最大值（mg/kg）	181.1	149.1	
最小值（mg/kg）	12.9	34.9	
标准差	36.09	24.35	

（二）耕层土壤有效硫分级状况

有效硫 7 个等级中，7 级占的比例较多，说明新县土壤有效硫多数处于极高水平，详见表 3-28。

表 3-28　新县土壤有效硫分级表

有效硫等级	分级标准	样点数	百分比（%）	面积（万亩）
1 级	<10.0	4	1.98	0.52
2 级	10.0~15.0	1	0.50	0.13
3 级	15.0~20.0	6	2.97	0.78
4 级	20.0~30.0	10	4.95	1.29
5 级	30.0~40.0	19	9.41	2.45
6 级	40.0~50.0	19	9.41	2.45
7 级	>50.0	143	70.80	18.48

第四章　耕地地力评价方法与程序

第一节　耕地地力评价基本原理与原则

一、基本原理

根据农业部《测土配方施肥技术规范》和《耕地地力评价指南》确定的评价方法，耕地地力是指耕地自然属性要素（包括一些人类生产活动形成和受人类生产活动影响大的因素，如灌溉保证率、排涝能力、轮作制度、梯田化类型与年限等）相互作用所表现出来的潜在生产能力。本次耕地地力评价是以全县域范围为对象展开的，因此，选择的是以土壤要素为主的潜力评价，采用耕地自然要素评价指数反映耕地潜在生产能力的高低。其关系式为：

$$IFI = b_1x_1 + b_2x_2 + \cdots + b_nx_n$$

IFI = 耕地地力指数

b_i = 耕地自然属性分值，选取的参评因素

x_i = 该属性对耕地地力的贡献率（也即权重，用层次分析法求得）

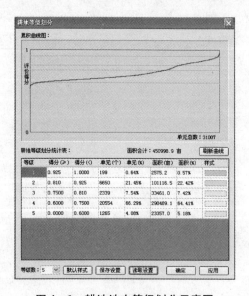

图4-1　耕地地力等级划分示意图

用评价单元数与耕地地力综合指数制作累积频率曲线图，根据单元综合指数的分布频

率，采用耕地地力指数累积曲线法划分耕地地力等级，在频率曲线图的突变处划分级别（图 4-1）。根据 IFI 的大小，可以了解耕地地力的高低；根据 IFI 的组成，通过分析可以揭示出影响耕地地力的障碍因素及其影响程度。

二、耕地地力评价基本原则

本次耕地地力评价所采用的耕地地力概念是指耕地的基础地力，也即由耕地土壤的所处的地形、地貌条件、成土母质特征、农田基础设施及培肥水平、土壤理化性状等综合构成的耕地生产力。此类评价揭示是处于特定范围内（一个完整的县域）、特定气候（一般来说，一个县域内的气候特征是基本相似的）条件下，各类立地条件、剖面性状、土壤理化性状、障碍因素与土壤管理等因素组合下的耕地综合特征和生物生产力的高低，也即潜在生产力。通过深入分析，找出影响耕地地力的主导因素，为耕地改良和管理利用提供依据。基于此，耕地地力评价所遵循的基本原则是：

（一）综合因素与主导因素相结合的原则

耕地是一个自然经济综合体，耕地地力也是各类要素的综合体现。本次耕地地力评价所采用的耕地地力概念是指耕地的基础地力，也即由耕地土壤的所处的地形、地貌条件、成土母质特征、农田基础设施及培肥水平、土壤理化性状等综合构成的耕地生产力。所谓综合因素研究，是指对前述耕地立地条件、剖面性状、耕层理化性质、障碍因素和土壤管理水平 5 个方面的因素进行全面的研究、分析与评价，以全面了解耕地地力状况。所谓主导因素，是指在特定的县域范围内对耕地地力起决定作用的因素，在评价中要着重对其进行研究分析。因此，把综合因素与主导因素结合起来进行评价，既着眼于全县域范围内的所有耕地类型，也关注对耕地地力影响大的关键指标。以期达到评价结果反映出县域内耕地地力的全貌，也能分析特殊耕地地力等级和特定区域内耕地地力的主导因素，可为全县域耕地资源的利用提供决策依据，又可为低等级耕地的改良提供主攻方向。

（二）稳定性原则

评价结果在一定的时期内应具有一定的稳定性，能为一定时期内的耕地资源配置和改良提供依据。因此，在指标的选取上必须考虑评价指标的稳定性。

（三）一致性与共性原则

考虑区域内耕地地力评价结果的可比性，不针对某一特定的利用类型，对于县域内全部耕地利用类型，选用统一的共同的评价指标体系。

同时，鉴于耕地地力评价是对全年的生物生产潜力进行评价，因此，评价指标的选择需要考虑全年的各季作物；同时，对某些因素的影响要进行整体和全局的考虑，如灌溉保证率和排涝能力，必须考虑其发挥作用的频率。

（四）定量和定性相结合的原则

影响耕地地力的土壤自然属性和人为因素（如灌溉保证率、排涝能力等）中，既有数值型的指标，也有概念型的指标。两类指标都根据其对全县域内的耕地地力影响程度决定取舍。对数据标准化采用相应的方法。原因是可以全面分析耕地地力的主导因素，为合理利用耕地资源提供决策依据。

（五）潜在生产力与现实生产力相结合的原则

耕地地力评价是通过多因素分析方法，对耕地潜力生产能力的评价，区别于现实的生产力。但是，同一等级耕地内的较高现实生产能力，作为选择指标和衡量评价结果是否准确的参考依据。

（六）采用 GIS 支持的自动化评价方法原则

自动化、定量化的评价技术方法是评价发展的方向。近年来，随着计算机技术，特别是 GIS 技术在资源评价中的不断应用和发展，基于 GIS 的自动化评价方法已不断成熟，使土地评价的精度和效率大大提高。本次的耕地地力评价工作通过数据库建立、评价模型构建及其与 GIS 空间叠加等分析模型的结合，实现了全数字化、自动化的评价流程。

第二节　耕地地力评价技术流程

一、建立县域耕地资源基础数据库

结合测土配方施肥项目，开展县域耕地地力评价的主要技术流程有五个环节。利用 3S 技术，收集整理所有相关历史数据和测土配方施肥数据（从农业部统一开发的"测土配方施肥数据管理系统"中获取），采用与数据类型相适应的、且符合"县域耕地资源管理信息系统"及数据字典要求的技术手段和方法，建立以县为单位的耕地资源基础数据库，包括属性数据库和空间数据库两类。

二、建立耕地地力评价指标体系

所谓耕地地力评价指标体系，包括 3 部分内容。一是评价指标，即从国家耕地地力评价选取的评价指标；二是评价指标的权重和组合权重；三是单指标的隶属度，即每一指标不同表现状态下的分值。单指标权重的确定采用层次分析法，概念型指标采用特尔斐法和模糊评价法建立隶属函数，数值型的指标采用特尔斐法和非线性回归法，建立隶属函数。

三、确定评价单元

所谓耕地地力评价单元，就是指潜在生产能力近似且边界封闭具有一定空间范围的耕地。根据耕地地力评价技术规范的要求，此次耕地地力评价单元采用县级土壤图（到土种级）和土地利用现状图叠加，进行综合取舍和技术处理后形成不同的单元。

用土壤图（土种）和土地利用现状图（含有行政界限）叠加产生的图斑作为耕地地力评价的基本单元，使评价单元空间界线及行政隶属关系明确，单元的位置容易实地确定，同时，同一单元的地貌类型及土壤类型一致，利用方式及耕作方法基本相同。可以使评价结果应用于农业布局等农业决策，还可用于指导生产实践，也为测土配方施肥技术的深入普及奠定良好基础。

四、建立县域耕地资源管理信息系统

将第一步建立的各类属性数据和空间数据按照农业部统一提供的"县域耕地资源管理信息系统 4.0 版"的要求，导入该系统内，并建立空间数据库和属性数据库连接，建成新县域耕地资源信息管理系统。依据第二步建立的指标体系，在"县域耕地资源管理信息系统4.0版"内，分别建立层次分析权属模型和单因素隶属函数建成的县域耕地资源资源管理信息系统作为耕地地力评价的软件平台。

五、评价指标数据标准化与评价单元赋值

根据空间位置关系将单因素图中的评价指标，提取并赋值给评价单元。

六、综合评价

采用隶属函数法对所有评价指标数据进行隶属度计算，利用权重加权求和，计算出每一单元的耕地地力指数，采用耕地地力指数累积曲线法划分耕地地力等级，并纳入到国家耕地地力等级体系中。

七、撰写耕地地力评价报告

在行政区域和耕地地力等级两类中，分析耕地地力等级与评价指标的关系，找出影响耕地地力等级的主导因素和提高耕地地力的主攻方向，进而提出耕地资源利用的措施和建议（图4-2）。

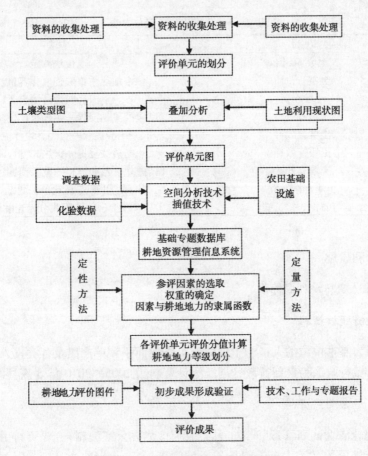

图4-2　耕地地力评价技术路线

第三节　资料收集与整理

一、耕地土壤属性资料

采用全国第二次土壤普查时的土壤分类系统，但根据河南省土壤肥料站的统一要求，与全省土壤分类系统进行了对接。本次评价采用全省统一的土种名称。各土种的发生学性状与剖面特征、立地条件、耕层理化性状（不含养分指标）、障碍因素等性状均采用土壤普查时所获得的资料。对一些已发生了变化的指标，采用测土配方施肥项目野外采样的调查资料进行补充修订，如耕层厚度、田面坡度等。基本资料来源于土壤图和土壤普查报告。

二、耕地土壤养分含量

评价所用的耕地耕层土壤养分含量数据均来源于测土配方施肥项目的分析化验数据。分析方法和质量控制依据《测土配方施肥技术规范》进行（表4-1）。

表4-1　分析化验项目与方法

序号	项目	方法
1	土壤 pH 值	电位法测定
2	土壤有机质	油浴加热重铬酸钾氧化容量法测定
3	土壤全氮	凯氏蒸馏法测定
4	土壤有效磷	碳酸氢钠浸提—钼锑抗比色法测定
5	土壤缓效钾	硝酸提取—火焰光度计测定
6	土壤速效钾	乙酸铵浸提—火焰光度计测定
7	土壤有效硫	磷酸盐—乙酸浸提—硫酸钡比浊法测定
8	土壤水溶态硼	甲亚胺-H 比色法测定
9	土壤有效铜、锌、铁、锰	DTPA 浸提—原子吸收分光光度计法测定

三、农田水利设施

灌溉分区图（新县水利局提供）。

四、社会经济统计资料

以行政区划为基本单位的人口、土地面积、作物面积和单产以及各类投入产出等社会经济指标数据。县域行政区为最新行政区划。统计资料为2005—2010年（新县统计局编）。

五、基础及专题图件资料

（1）新县综合农业区划（1985年1月，农业区划办公室编制），该资料由农业局提供。

（2）新县土地资源（2010年，县国土资源管理局），该资料由县国土资源管理局提供。

（3）新县水利志（2005年9月，河南省新县水利志编纂委员会编制）。

（4）新县土壤（1986年10月，信阳地区普查办公室、新县土壤普查办公室编制），该资料由县农业技术推广中心提供。

(5) 新县统计年鉴（县统计局），该资料由县统计局提供。

(6) 新县气象资料（县气象局），该资料由县气象局提供。

(7) 新县 2008—2010 年测土配方施肥项目技术总结专题报告（2011 年 5 月，河南省新县农业局），该资料由县农业技术推广中心提供

(8) 行政区划图。（2007 年 7 月，新县民政局绘制）

(9) 土地利用现状图。（2010 年 7 月，县土地局绘制）

六、野外调查资料

本次耕地地力评价工作由办公室统一调度，组织精干力量，分 6 个外业小组，每组 4 人，出动 6 台车，分赴全县 16 个乡镇，负责野外采样、调查工作，填写外业调查表及收集相关信息资料。

七、其他相关资料

(1) 新县志（1988 年 6 月，地方史志编纂委员会编制），该资料由新县地方史志编纂委员会提供。

(2) 行政代码表（新县民政局）。

(3) 种植制度分区图（新县农业局）。

第四节　图件数字化与建库

耕地地力评价是基于大量的与耕地地力有关的耕地土壤自然属性和耕地空间位置信息，如立地条件、剖面性状、耕层理化性状、土壤障碍因素以及耕地土壤管理方面的信息。调查的资料可分为空间数据的属性数据，空间数据主要指项目县的各种基础图件以及调查样点的 GPS 定位数据；属性数据主要指与评价有关的属性表格和文本资料。为了采用信息化的手段进行评价和评价结果管理，首先需要开展数字化工作。根据《测土配方施肥技术规范》、县域耕地资源管理信息系统（4.0 版）要求，根据对土壤、土地利用现状等图件进行数字化，建立空间数据库。

一、图件数字化

空间数据的数字化工作比较复杂，目前，常用的数字化方法包括 3 种：一是采用数字化仪数字化；二是光栅矢量化；三是数据转换法。本次评价中采用了后两种方法。

光栅矢量化法是以已有的地图或遥感影像为基础，利用扫描仪将其转换为光栅图，在 GIS 软件支持下对光栅图进行配准，然后以配准后的光栅图为参考进行屏幕光栅矢量化，最终得到矢量化地图。光栅矢量化法的步聚，详见图 4 - 3。

纸质地图 → 扫描转换 → 图像配准 → 图像矢量 → 图件编辑

图 4 - 3　光栅矢量化的步聚

数据转换法是利用已有的数字化数据，利用软件转换工具，转换为本次工作要求的 *.shp 格式。采用该方法是针对目前国土资源管理部门的土地利用图都已数字化建库，河南省大多数县都是采用 Mapgis 的数据格式，利用 Mapgis 的文件转换功能很容易将 *.wp/*.wl/*.wt 的数据转换为 *.shp 格式。此外，ArcGIS 和 Mapinfo 等 GIS 系统也都提供有通用数据格式转换等功能。

属性数据的输入是数据库或电子表格来完成的。与空间数据相关的属性数据需要建立与空间数据对应的链接关键字，通过数据链接的方法，链接到空间数据中，最终得到满足评价要求的空间－属性一体化数据库。技术方法，详见图4－4。

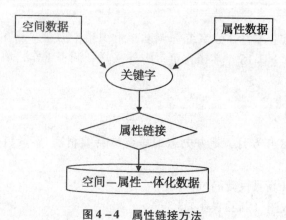

图4－4　属性链接方法

二、图形坐标变换

在地图录入完毕后，经常需要进行投影变换，得到统一空间参照系下的地图。本次工作中收集到的土地利用现状图，采用的是高斯3°带投影，需要变换为高斯6°带投影。进行投影变换有两种方式，一种是利用多项式拟合，类似于图像几何纠正；另一种是直接应用投影变换公式进行变换。基本原理：

$$X' = f(x, y)$$
$$Y' = f(x, y)$$

式中：X'，Y'为目标坐标系下的坐标，X，Y为当前坐标系下的坐标。

本次评价中的数据，采用统一空间定位框架，参数如下：

投影方式：高斯－克吕格投影，6°带分带，对于跨带的县进行跨带处理。

坐标系及椭球参数：北京54/克拉索夫斯基。

高程系统：1956年黄海高程基准。

野外调查 GPS 定位数据：初始数据采用经纬度并在调查表格中记载；装入 GIS 系统与图件匹配时，再投影转换为上述直角坐标系坐标。

三、数据质量控制

根据《耕地地力评价指南》的要求，对空间数据和属性数据进行质量控制。属性数据按照指南的要求，规范各数据项的命名、格式、类型、约束等。

空间数据达到最小上图面积 0.04cm^2 的要求，并规范图幅内外的图面要素。扫描影像数据水平线角度误差不超过 0.2°，校正控制点不少于 20 个，校正绝对误差不超过 0.2mm，矢量化的线划偏离光栅中心不超 0.2mm。耕地和园地面积以国土部门的土地详查面积为控制面积。

第五节　土壤养分空间插值与分区统计

本次评价工作需要制作养分图和养分等值线图，这需要采用空间插值法将采样点的分析化验数据进行插值，生成全域的各类养分图和养分等值线图。

一、空间插值法简介

研究土壤性质的空间变异时，观察点和取样点总是有限的，因而对未测点的估计是完全必要的。大量研究表明，地统计学方法中半方差图和 Kriging 插值法适合于土壤特性空间预测，并得到了广泛应用。

克里格插值法（Kriging）也称空间局部估计或空间局部插值，它是建立在半变异函数理论及结构分析基础上，在有限区域内对区域化变量的取值进行无偏最优估计的一种方法。克里格法实质上利用区域化变量的原始数据和半变异函数的结构特点，对未采样点的区域化变量的取值，进行线性无偏最优估计量的一种方法。更具体地讲，它是根据待估样点有限领域内若干已测定的样点数据，在认真考虑了样点的形状、大小和空间相互位置关系，它们与待估样点间相互空间位置关系，以及半变异函数提供的结构信息之后，对该待估样点值进行的一种线性无偏最优估计。研究方法的核心是半方差函数，公式为：

$$\overline{\gamma}(h) = \frac{1}{2N(h)}\sum_{\alpha=1}^{N(h)}\left[z(u_\alpha) - z(u_\alpha + h)\right]^2$$

式中：h 为样本间距，又称位差（Lag）；$N(h)$ 为间距为 h 的"样本对"数。

设位于 X_0 处的速效养分估计值为 $\hat{Z}_{(x_0)}$，它是周围若干样点实测值 $Z(x_i)$,$(i = 1, 2\cdots\cdots n)$ 的线性组合，即：

$$\hat{Z}_{(x_0)} = \sum_{i=1}^{n}\lambda_{iz}(x_i)$$

式中：$\hat{Z}_{(x_0)}$ 为 X_0 处的养分估计值；λ_i 为第 i 个样点的权重；$z(x_i)$ 为第 i 个样点值。

要确定 λ_i 有两个约束条件：

$$\begin{cases} \min \left(Z(x_0) - \sum\limits_{i=1}^{n}\lambda_i Z(x_i)\right)^2 \\ \sum\limits_{i=1}^{n}\lambda_i = 1 \end{cases}$$

满足以上两个条件可得如下方程组：

$$\begin{bmatrix} \gamma_{11} & \cdots & \gamma_{1n} & 1 \\ \vdots & \ddots & \vdots & \vdots \\ \gamma_{n1} & \cdots & \gamma_{nn} & 1 \\ 1 & \cdots & 1 & 0 \end{bmatrix} \cdot \begin{bmatrix} \lambda_1 \\ \vdots \\ \lambda_1 \\ m \end{bmatrix} = \begin{bmatrix} \gamma_{01} \\ \vdots \\ \gamma_{0n} \\ 1 \end{bmatrix}$$

式中：γ_{ij} 表示 x_i 和 x_j 之间的半方差函数值；m 拉格朗日值。

解上述方程组即可得到所有的权重 λ_i 和拉格朗日值 m。利用计算所得到的权重即可求得估计值 $\hat{Z}_{(x_0)}$。

克里格插值法要求数据服从正态分布，非正态分布会使变异函数产生比例效应，比例效应的存在会使实验变异函数产生畸变，抬高基台值和块金值，增大估计误差，变异函数点的波动太，甚至会掩盖其固有的结构，因此，应该消除比例效应。此外，克里格插值结果的精度还依赖于采样点的空间相关程度，当空间相关性很弱时，意味着这种方法不适用。因此，当样点数据不服从正态分布或样点数据的空间相关性很弱时，我们采用反距离插值法。

反距离法是假设待估未知值点受较近已知点的影响，比较远已知点的影响更大，其通用方程是：

$$Z_o = \frac{\sum_{i=1}^{s} Z_i \frac{1}{d_i^k}}{\sum_{i=1}^{s} \frac{1}{d_i^k}}$$

式中：Z_o 是待估点 O 的估计值；Z_i 是已知点 i 的值；d_i 是已知点 i 与点 O 间的距离；s 是在估算中用到的控制点数目；k 是指定的幂。

该通用方程的含义是已知点对未知点的影响程度，用点之间距离乘方的倒数表示，当乘方为 1（$K=1$）时，意味着点之间数值变化率恒定，该方法称为线性插值法，乘方为 2 或更高则意味着越靠近的已知点，该数值的变化率越大，远离已知点则趋于稳定。

在本次耕地地力评价中，还用到了"以点代面"估值方法，对于外业调查数据的应用不可避免的要采用"以点代面"法。在耕地资源管理图层提取属性过程中，计算落入评价单元内采样点某养分的平均值，没有采样点的单元，直接取邻近的单元值。

GIS 分析方法中的泰森多边形法是一种常用的"以点代面"估值方法。这种方法是按狄洛尼（Delounay）三角网的构造法，将各监测点 Pi 分别与周围多个监测点相连得到三角网，然后分别作三角网边线的垂直平分线，这些垂直平分线相交则形成以监测点 P 为中心的泰森多边形。每个泰森多边形内监测点数据即为该泰森多边形区域的估计值，泰森多边形内每处的值相同，等于该泰森多边形区域的估计值。

二、空间插值

本次空间插值采用 Arcgis9.2 中的 Geostatistical Analyst 功能模块完成。

测土配方施肥项目测试分析了全氮、有效磷、缓效钾、速效钾、有机质、pH 值、铜、铁、锰、锌等项目。这些分析数据根据外业调查数据的经纬度坐标生成样点图，然后将以经纬度坐标表示的地理坐标系投影变换为以高斯坐标表示的投影平面直角坐标系，得到的样点图中有部分数据的坐标记录有误，样点落在了县界之外，对此加以修改和删除。

首先对数据的分布进行探查，剔除异常数据，观察样点分析数据的分布特征，检验数据是否符合正态分布和取自然对数后是否符合正态分布，以此选择空间插值方法。

其次是根据选择的空间插值方法进行插值运算，插值方法中参数选择以误差最小为准则进行选取。

最后是生成格网数据，为保证插值结果的精度和可操作性，将结果采用 20m × 20m 的GRID—格网数据格式。

三、养分分区统计

养分插值结果是格网数据格式，地力评价单元是图斑，需要统计落在每一评价单元内的网格平均值，并赋值给评价单元。

工作中利用 ArcGIS9.2 系统的分区统计功能（Zonal statistics）进行分区统计，将统计结果按照属性联接的方法赋值给评价单元。

第六节　耕地地力评价与成果图编辑输出

一、建立县域耕地资源管理工作空间

首先建立县域耕地资源管理工作空间，然后导入已建立好的各种图件和表格。详见耕地资源管理信息系统章节。

二、建立评价模型

在县域耕地资源管理系统的支持下，将建立的指标体系输入到系统中，分别建立评价指标的权重模型和隶属函数模型。

三、县域耕地地力等级划分

根据耕地资源管理单元图中的指标值和耕地地力评价模型，实现对各评价单元地力综合指数的自动计算，采用累积曲线分级法划分县域耕地地力等级。

四、归入全国耕地地力体系

按 10% 的比例数量，在各等级耕地中选取评价单元，调查此等级耕地中的近几年的最高粮食产量，经济作物产量折算为粮食产量。将此产量数据加上一定的增产比例作为该级耕地的生产潜力。以生产潜力与《全国耕地类型区、耕地地力等级划分》（NY/T309—1996）进行对照，将县级耕地地力评价等级归入国家耕地地力等级。

五、图件的编制

为了提高制图的效率和准确性，在地理信息系统软件 ARCGIS 的支持下，进行耕地地力评价图及相关图件的自动编绘处理。项目县的行政区划、河流水系、大型交通干道等作为基础信息，然后叠加上各类专题信息，得到各类专题图件。专题地图的地理要素内容是专题图的重要组成部分，用于反映专题内容的地理分布，并作为图幅叠加处理等的分析依据。地理要素的选择应与专题内容相协调，考虑图面的负载量和清晰度，应选择基本的、主要的地理要素。

对于有机质含量、速效钾、有效磷、水溶态硼等其他专题要素地图，按照各要素的分级分别赋予相应的颜色，同时，标注相应的代号，生成专题图层。之后与地理要素图复合，编辑处理生成专题图件，并进行图幅的整饰处理。

耕地地力评价图以耕地地力评价单元为基础，根据各单元的耕地地力评价等级结果，对相同等级的相邻评价单元进行归并处理，得到各耕地地力等级图斑。在此基础上，用颜色表示不同耕地地力等级。

图外要素绘制了图名、图例、坐标系高程系说明、成图比例尺、制图单位全称、制图时间等。

六、图件输出

图件输出采用两种方式，一是打印输出，按照1：50 000的比例尺，在大型绘图仪的支持下打印输出。二是电子输出，按照1：50 000的比例尺，300dpi 的分辨率，生成 ∗.jpg 光栅图，以方便图件的使用。

第七节　耕地资源管理系统的建立

一、系统平台

耕地资源管理系统软件平台采用农业部种植业管理司、全国农业技术推广服务中心和扬州土肥站联合开发的"县域耕地资源管理信息系统4.0"，该系统以县级行政区域内耕地资源为管理对象，以土地利用现状与土壤类型的结合为管理单元，通过对辖区内耕地资源信息采集、管理、分析和评价，是本次耕地地力评价的系统平台。增加相应技术模型后，不仅能够开展作物适宜性评价、品种适宜性评价，也能够为农民、农业技术人员以及农业决策者合理安排作物布局、科学施肥、节水灌溉等农事措施，提供耕地资源信息服务和决策支持。系统介面，详见图4-5。

图4-5　系统界面

二、系统功能

"县域耕地资源管理信息系统4.0"具有耕地地力评价和施肥决策支持等功能，主要有以下功能。

（一）耕地资源数据库建设与管理

系统以 Mapobjects 组件为基础开发完成，支持 *.shp 的数据格式，可以采用单机的文件管理方式，与可以通过 SDE 访问网络空间数据库。系统提供数据导入、导出功能，可以将 Arcview 或 ArcGIS 系统采集的空间数据导入本系统，也可将 *.DBF 或 *.MDB 的属性表格导入到系统中，系统内嵌了规范化的数据字典，外部数据导入系统时，可以自动转换为规范化的文件名和属性数据结构，有利于全国耕地地力评价数据的标准化管理。管理系统也能方便的将空间数据导出为 *.shp 数据，属性数据导出为 *.xls 和 *.mdb 数据，以方便其他相关应用。

系统内部对数据的组织分工作空间、图集、图层 3 个层次，一个项目县的所有数据、系统设置、模型及模型参数等共同构成项目县的工作空间。一个工作空间可以划分为多个图集，图集针对是某一专题应用，例如，耕地地力评价图集、土壤有质机含量分布图集、配方施肥图集等。组成图集的基本单位是图层，对应的是 *.shp 文件，例如，土壤图、土地利用现状图、耕地资源管理单元图等，都是指的图层。

（二）GIS 系统的一般功能

系统具备了 GIS 的一般功能，比如地图的显示、缩放、漫游、专题化显示、图层管理、缓冲区分析、叠加分析、属性提取等功能，通过空间操作与分析，可以快速获得感兴趣区域信息。更实用的功能是属性提取和以点代面等功能，本次评价中属性提取功能可将专题图的专题信息，例如，灌溉保证率等，快速的提取出来赋值给评价单元。

（三）模型库的建立与管理

专业应用与决策支持离不开专业模型，系统具有建立层次分析权重模型、隶属函数单因素评价模型、评价指标综合计算模型、配方施肥模型、施肥运筹模型等系统模型的功能。在本次地力评价过程中，利用系统的层次分析功能，辅助本县快速的完成了指标权重的计算。权重模型和隶属函数评价模型建立后，可快速的完成耕地潜力评价，通过对模型参数的调整，实现了评价结果的快速修正。

（四）专业应用与决策支持

在专业模型的支持下，可实现对耕地生产潜力的评价、某一作物的生产适宜性评价等评价工作，也可实现单一营养元素的丰缺评价。根据土壤养分测试值，进行施肥计算，并可提供施肥运筹方案。

三、数据库的建立

（一）属性数据库的建立

1. 属性数据的内容

根据本县耕地质量评价的需要，确立了属性数据库的内容，其内容及来源，详见表4-2。

表4-2 属性数据库内容及来源

编号	内容名称	来源
1	县、乡、村行政编码表	统计局
2	土壤分类系统表	土壤普查资料，省土种对接资料

（续表）

编号	内容名称	来源
7	土壤样品分析化验结果数据表	野外调查采样分析
8	农业生产情况调查点数据表	野外调查采样分析
9	土地利用现状地块数据表	系统生成
10	耕地资源管理单元属性数据表	系统生成
	耕地地力评价结果数据表	系统生成

2. 数据录入与审核

数据录入前应仔细审核，数值型资料注意量纲上下限，地名应注意汉字多音字、繁简字、简全称等问题。录入后还应仔细检查，保证数据录入无误后，将数据库转为规定的格式（DBF 格式文件），通过系统的外部数据表维护功能，导入到耕地资源管理系统中。

（二）空间数据库的建立

土壤图、土地利用现状图、调查样点分布图是耕地地力调查与质量评价最为重要的基础空间数据。分别通过以下方法采集：将土壤图和土地利用现状图扫描成栅格文件后，借助利用 MapGIS 软件进行手动跟踪矢量化形成土壤图数字化图层，图件扫描采用 300dpi 分辩率，以黑白 TIFF 格式保存。之后转入到 ArcGIS 中进行数据的进一步处理。在 ArcGIS 中将土地利用现状图分为农用地地块图（包括耕地和园地）和非农用地地块图，将农用地块图与土壤图叠加得到耕地资源管理单元图。利用外业调查中采用 GPS 定位获取的调查样点经、纬度资料，借助 ArcGIS 软件将经纬度坐标投影转换为北京 54 直角坐标系坐标，建立本县耕地地力调查样点空间数据库。对土壤养分等数值型数据，根据 GPS 定位数据在 ArcGIS 软件支持下生成点位图，利用 ArcGIS 的地统计功能进行空间插值分析，产生各养分分布图和养分分布等值线。养分分布图采用格网数据格式，利用分区统计功能，将结果赋值给耕地资源管理单元图中的图斑。其他专题图，例如，灌溉保证率分区图等，采用类似的方法进行矢量采集（表 4 - 3）。

表 4 - 3　空间数据库内容及资料来源

序号	图层名	图层属性	资料来源
1	行政区划图	多边形	土地利用现状图
2	面状水系图	多边形	土地利用现状图
3	线状水系图	线层	土地利用现状图
4	道路图	线层	土地利用现状图 + 交通图修正
5	土地利用现状图	多边形	土地利用现状图
6	农用地地块图	多边形	土地利用现状图
7	非农用地地块图	多边形	土地利用现状图
8	土壤图	多边形	土壤图
9	系列养分等值线图	线层	插值分析结果
10	耕地资源管理单元图	多边形	土壤图与农用地地块图
11	土壤肥力普查农化样点点位图	点层	外业调查
12	耕地地力调查点点位图	点层	室内分析
13	评价因子单因子图	多边形	相关部门收集

四、评价模型的建立

将本县建立的耕地地力评价指标体系按照系统的要求输入到系统中，分别建立耕地地力评价权重模型和单因素评价的隶属函数模型。之后就可利用建立的评价模型对耕地资源管理单图进行自动评价，如图4-6所示。

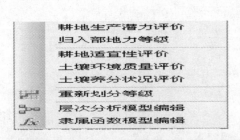
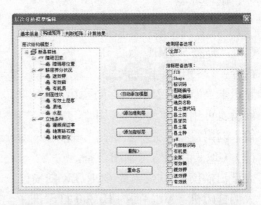

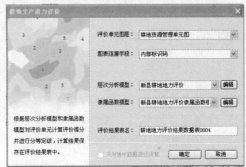

图4-6　评价模型建立与耕地地力评价示图

五、系统应用

（一）耕地生产潜力评价

根据前文建立的层次分析模型和隶属函数模型，采用加权综合指标法计算各评价单元综合分值，然后根据累积频率曲线图进行分级。

（二）制作专题图

依据系统提供的专题图制作工具，制作耕地地力评价图、有机质含量分布图等图件。以土壤有机质为例进行示例说明。

（三）养分丰缺评价

依据测土配方施肥工作中建立的养分丰缺指标，对耕地资源管理单元图中的养分进行丰缺评价。

第八节 耕地地力评价工作软、硬件环境

一、硬件环境

（1）配置高性能计算机。

CPU：奔腾 500MHz 及更高。

内存：128MB 以上。

显示卡：VGA，256 色显示模式以上。

硬盘：可用空间 300MB 以上。

输入输出设备：光驱、键盘、鼠标和显示器等。

（2）GIS 专用输入与输出设备。

大型扫描仪：A0 幅面的 CONTEX 扫描仪。

大型打印机：A0 幅面的 HP800 打印机。

（3）网络设备。

包括：路由器、交换机、网卡和网线。

二、系统软件环境

（1）通过办公软件：Office2003。

（2）数据库管理软件：Access2003。

（3）数据分析软件：SPSS13.0。

（4）GIS 平台软件：ArcGIS9.2、Mapgis6.5。

（5）耕地资源管理信息系统软件：农业部种植业管理司和全国农业技术推广服务中心开发的县域耕地资源管理信息系统 V4.0 系统。

第五章　耕地地力评价指标体系

第一节　评价指标体系

一、选择的指标

根据影响新县耕地地力的因素，我们从全国耕地地力评价指标体系总集中选取了地形部位、地表砾石度、灌溉保证率、水型、质地、有效土层厚度、有机质、有效磷、速效钾、障碍层类型、障碍层出现位置等 11 个指标，作为新县耕地地力评价的指标，建立了新县耕地地力评价指标体系。指标准则层分为四组，归纳为第一组立地条件：包括地形部位、地表砾石度、灌溉保证率 3 个指标；第二组剖面性状：包括水型、质地、有效土层厚度 3 个指标；第三组耕层养分状况：包括有机质、有效磷、速效钾 3 个指标；第四组障碍因素：障碍层类型、障碍层出现位置两个指标。

二、指标权重

根据耕地地力评价指标体系建立要求和工作安排，我们对所选的 11 项指标，通过专家打分的方法，给以权重。各个指标及准则层的权重值可以表现该指标对耕地质量影响的程度。

三、指标的隶属度

通过对各指标在对农业生产的影响程度，用模糊数学的概念与方法对指标的符合程度进行判断，用隶属度表示。该项工作由本县的农业专家按照耕地地力评价工作流程要求进行赋值，通过多位专家的经验判断直接给出各要素的隶属度。

第二节　指标的选择

一、选择指标的原则

正确地选择参评指标，是科学地进行耕地地力评价的前提。为了排除人为主观性的现实状况，我们遵循主导性、差异性、重要性、稳定性、综合性、易获取性、定量性、现实性、精简性的原则来选取新县耕地地力评价指标，以获取对新县耕地地力等级影响最显著的信息。

二、指标选择过程与结果

在省、市土肥专家的帮助下，我们结合新县的农业生产实际和耕地质量现状，根据全国农业技术推广服务中心编著的《耕地地力评价指南》的要求，采用特尔斐法，聘请实践经验丰富的新县农业、土肥专家对评价指标进行层层筛选，然后归纳、反馈，多次进行对比判断，最后选取了地形部位、地表砾石度、灌溉保证率、水型、质地、有效土层厚度、有机质、有效磷、速效钾、障碍层类型、障碍层位置等 11 个指标，作为新县耕地地力评价的参评因素，建立了新县耕地地力评价指标体系。

第三节　权重确立

一、权重确定方法

评价指标选定后，对各个指标的重要性进行比较，通过定量分析，给以适宜的权重。我们采用的是特尔斐法与层次分析法相结合的方法，把定性分析和定量分析相结合起来，既考虑专家的经验，又避免了人为影响。

二、权重确定过程

（一）建立层次结构模型

我们把所选取的 11 个指标通过归类分析，建立相应的层次结构模型。其中，以耕地地力为目标层（G 层）；把影响耕地地力的因素有立地条件、剖面性状、耕层养分、障碍因素四大类，作为准则层（C 层）；再把影响准则层的各项因素即评价指标作为指标层（A 层）。其结构关系，详见图 5－1 所示。

（二）构造判断矩阵

对所建的层次结构模型的每个层次，分别用百分比的方式进行比较，以确定 A 层对 C 层及 C 层对 G 层的重要程度。该项工作也由县专家赋权重值，上报省专家组经过评审后，将结果再反馈到县专家组进行确认。经多次反复后，构成了 G、C_1、C_2、C_3、C_4 共 5 个矩阵，详见表 5－1 至表 5－5。

表 5－1　目标层判断矩阵

新县耕地 G	立地条件	剖面性状	耕层养分状况	障碍因素	Wi
立地条件 C_1	1.0000	1.1082	1.4635	1.6836	0.3145
剖面性状 C_2	0.9024	1.0000	1.3206	1.5193	0.2838
耕层养分状况 C_3	0.6833	0.7572	1.0000	1.1504	0.2149
障碍因素 C_4	0.5940	0.6582	0.8692	1.0000	0.1868

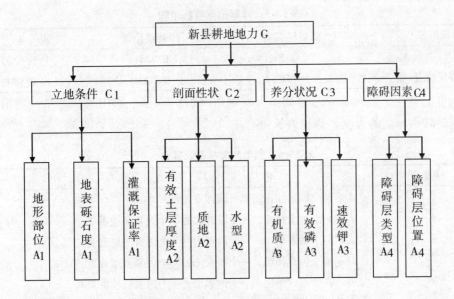

图 5 – 1 耕地地力评价指标层次图

表 5 – 2 立地条件判断矩阵

立地条件 C_1	地形部位	地表砾石度	灌溉保证率	Wi
地形部位 A_1	1.0000	1.2903	1.3793	0.4000
地表砾石度 A_2	0.7750	1.0000	1.0690	0.3100
灌溉保证率 A_3	0.7250	0.9355	1.0000	0.2900

表 5 – 3 剖面性状判断矩阵

剖面性状 C_2	水型	质地	有效土层厚度	Wi
水型 A_4	1.0000	1.1212	1.2333	0.3700
质地 A_5	0.8919	1.0000	1.1000	0.3300
有效土层厚度 A_6	0.8108	0.9091	1.0000	0.3000

表 5 – 4 耕层养分状况判断矩阵

耕层养分状况 C_3	有机质	有效磷	速效钾	Wi
有机质 A_7	1.0000	1.1176	1.3571	0.3800
有效磷 A_8	0.8947	1.0000	1.2143	0.3400
速效钾 A_9	0.7368	0.8235	1.0000	0.2800

表 5 - 5　障碍因素判断矩阵

障碍因素 C_4	障碍层类型	障碍层位置	Wi
障碍层类型 A_{10}	1.0000	0.7241	0.4200
障碍层位置 A_{11}	1.3810	1.0000	0.5800

判别矩阵中标度的含义，详见表 5 - 6。

表 5 - 6　判断矩阵标度及其含义

标度	含　义
1	表示两个因素相比，具有同样重要性
3	表示两个因素相比，一个因素比另一个因素稍微重要
5	表示两个因素相比，一个因素比另一个因素明显重要
7	表示两个因素相比，一个因素比另一个因素强烈重要
9	表示两个因素相比，一个因素比另一个因素极端重要
2、4、6、8	上述两相邻判断的中值
倒数	因素 i 与 j 比较得判断 b_{ij}，则因素 j 与 i 比较的判断 $b_{ji} = 1/b_{ij}$

（三）层次单排序及一致性检验

求取 A 层对 C 层的权数值，可归结为计算判断矩阵的最大特征根 λ_{max} 对应的特征向量 W。并用 CR = CI/RI 进行一致性检验。计算方法如下。

A. 将比较矩阵每一列正规化（以矩阵 C 为例）。

$$\hat{c}_{ij} = \frac{c_{ij}}{\sum_{i=1}^{n} c_{ij}}$$

B. 每一列经正规化后的比较矩阵按行相加。

$$\overline{W}_i = \sum_{j=1}^{n} \hat{c}_{ij}, j = 1, 2, \cdots, n$$

C. 向量正规化

$$W_i = \frac{\overline{W}_i}{\sum_{i=1}^{n} \overline{W}_i}, i = 1, 2, \cdots, n$$

所得到的 $W_i = [W_1, W_2, \cdots, W_n]^T$ 即为所求特征向量，也就是各个因素的权重值。

D. 计算比较矩阵最大特征根 λ_{max}。

$$\lambda_{max} = \sum_{i=1}^{n} \frac{(CW)_i}{nW_i}, i = 1, 2, \cdots, n$$

式中，C 为原始判别矩阵，$(CW)_i$ 表示向量的第 i 个元素。

E. 一致性检验。

首先计算一致性指标 CI：

$$CI = \frac{\lambda_{max} - n}{n - 1}$$

式中，n 为比较矩阵的阶，也即因素的个数。

然后根据表 5 - 7 查找出随机一致性指标 RI ，由下式计算一致性比率 CR ：

$$CR = \frac{CI}{RI}$$

表 5 - 7　随机一致性指标 RI 值

n	1	2	3	4	5	6	7	8	9	10	11
RI	0	0	0.58	0.9	1.12	1.24	1.32	1.41	1.45	1.49	1.51

根据以上计算方法可得以下结果：

将所选指标根据其对耕地地力的影响方面和其固有的特征，分为几个组，形成目标层—耕地地力评价，准则层—因子组，指标层—每一准则下的评价指标（表 5 - 8，图 5 - 2）。

表 5 - 8　权数值及一致性检验结果

矩阵	特 征 向 量			
矩阵 G	0.3145	0.2838	0.2149	0.1868
矩阵 C1	0.4000	0.3100	0.2900	
矩阵 C2	0.3700	0.3300	0.3000	
矩阵 C3	0.3800	0.3400	0.2800	
矩阵 C4	0.4200	0.5800		

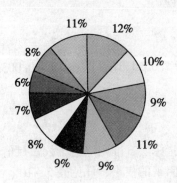
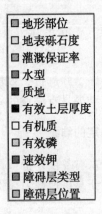

图 5 - 2　层次分析模型图

（四）层次总排序及一致性检验

计算同一层次所有因素对于最高相对重要性的排序权值，称为层次总排序，这一过程是最高层次到最低层次逐层进行的，详见表 5 - 9。

表 5 – 9　新县耕地地力评价指标权重层次分析结果表

层次	立地条件 0.3145	剖面性状 0.2838	耕层养分状况 0.2149	障碍因素 0.1868	组合权重
地形部位	0.40				0.1258
地表砾石度	0.31				0.0975
灌溉保证率	0.29				0.0912
水型		0.37			0.105
质地		0.33			0.0937
有效土层厚度		0.30			0.0851
有机质			0.38		0.0817
有效磷			0.34		0.0731
速效钾			0.28		0.0602
障碍层类型				0.42	0.0784
障碍层位置				0.58	0.1083

　　层次总排序的一致性检验也是从高到低逐层进行的。如果 A 层次某些因素对于 c_j 单排序的一致性指标为 CI_j，相应的平均随机一致性指标为 c_{rj}，则 A 层次总排序随机一致性比率为：

$$CR = \frac{\sum_{j=1}^{n} c_j CI_j}{\sum_{j=1}^{n} c_j RI_j}$$

　　经层次总排序，并进行一致性检验，结果为 2.055333E – 07，CR = 0.003543678 < 0.1，认为层次总排序结果具有满意的一致性。

三、权重确定的结果

　　经县各位专家对各项评价指标即结构模型的指标层、准则层给予权重赋值，经过数学处理后，计算出了新县耕地地力评价指标体系中各因素的权重，详见表 5 – 10。

表 5 – 10　各因子的权重最终结果

指标名称	指标权重
地形部位	0.1258
地表砾石度	0.0975
灌溉保证率	0.0912

（续表）

指标名称	指标权重
水型	0.1050
质地	0.0937
有效土层厚度	0.0851
有机质	0.0817
有效磷	0.0731
速效钾	0.0602
障碍层类型	0.0784
障碍层位置	0.1083

第四节　隶属度确定

一、隶属度确定方法及过程

建立了新县耕地地力评价指标体系，但要对各指标在不同的状态下，对耕地质量造成的影响差异进行表述，需要用模糊数学的概念——隶属度来表示。我们把每个指标又分为不同的状态，针对不同的状态下对耕地质量的影响程度，即一个模糊子集进行取值，取值自0→1中间的任一数值（包括两端的0与1）。对耕地造成最好的影响状况为1而对耕地造成最坏的影响状况就为0，其余的状态值在0与1之间。首先给出各指标不同状态，由专家再对各指标的不同状态赋予相应的隶属度值。专家们给的隶属度平均值再由省专家进行评审，评审后反馈回来再行修订。如此反复多次，最后确定评价指标体系中各指标在不同状态下的隶属度。

对有机质、有效磷、速效钾定量因子则采用 DELPHI 法，根据一组分布均匀的实测值，评估出对应的一组隶属度，然后在计算机中绘制这两组数值的散点图，再根据散点图进行曲线模拟，寻求参评因素实际值与隶属度关系方程，从而建立起隶属函数。

以有效磷为例，模拟曲线，如图 5-3 所示。

各定量因子隶属函数模型，详见表 5-11。

表 5-11　定量因子隶属函数模型

函数类型	参评因素	隶属函数	a 值	C 值	Ut 值
戒上型	有机质	$y = 1/(1+a*(u-c)^2)$	0.008594	29.703806	10
戒上型	有效磷	$y = 1/(1+a*(u-c)^2)$	0.015489	16.920056	2
戒上型	速效钾	$y = 1/(1+a*(u-c)^2)$	0.000191	139.354639	30

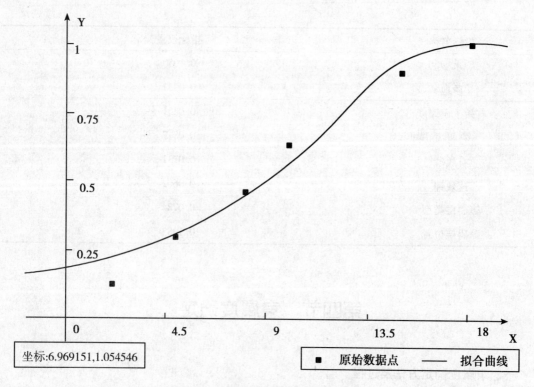

坐标:6.969151,1.054546

■ 原始数据点　——— 拟合曲线

图 5 - 3　有效磷与隶属度关系曲线图

（X 值为数据点有效磷值，Y 值表示函数隶属度）

二、隶属度确定的结果

利用专家打分和隶属函数拟合结果，求得 11 项评价因子的隶属度如下。

（一）地形部位

概念型指标，经专家打分，建立指标与隶属度的对应表（表 5 - 12）。

表 5 - 12　地形部位隶属度

	描述	隶属度
	低山缓坡地	0.4
	岗坡地	0.55
地形部位	河谷阶地	0.7
	冲垄中下部	0.81
	丘陵低山中下部及坡麓平坦地	1.0

（二）地表砾石度

概念型指标，经专家打分，建立指标与隶属度的对应表（表 5 - 13）。

表 5 – 13　地表砾石度隶属度

地表砾石度	50%	0.38
	30%	0.70
	5%	1.0

（三）灌溉保证率

概念型指标，经专家打分，建立指标与隶属度的对应表（表 5 – 14）。

表 5 – 14　灌溉保证率隶属度

灌溉保证率	50%	0.3
	75%	0.6
	95%	1.0

（四）水型、剖面构型、质地构型

概念型指标，经专家打分，建立指标与隶属度的对应表。根据新县实际情况，水稻土用水型进行评价，黄棕壤用剖面构型进行评价，潮土用质地构型进行评价（表 5 – 15）。

表 5 – 15　水型、剖面构型、质地构型隶属度

水型	潜育型	0.58
	淹育型	0.79
	潴育型	1.0
剖面构型	A-D	0.30
	A-B-D	0.52
	A-B	0.79
	A-C	1.0
地质构型	均质沙土	0.2
	均质沙壤	0.3
	沙身轻壤	0.42
	沙底轻壤	0.57
	均质轻壤	0.70
	沙底中壤	0.8
	均质中壤	1.0

（五）质地

概念型指标，经专家打分，建立指标与隶属度的对应表（表 5 – 16）。

表 5 – 16　质地隶属度

质地	沙壤土	0.35
	轻壤土	0.57
	中壤土	0.82
	重壤土	1.0

（六）有效土层厚度

概念型指标，经专家打分，建立指标与隶属度的对应表（表 5 – 17）。

表 5 – 17　有效土层厚度隶属度

有效土层厚度	30cm	0.37
	50cm	0.80
	100cm	1.0

（七）障碍类型

概念型指标，经专家打分，建立指标与隶属度的对应表（表 5 – 18）。

表 5 – 18　障碍类型隶属度

障碍类型	沙漏层	0.37
	潜育层	0.57
	无明显障碍	1.0

（八）障碍位置

概念型指标，经专家打分，建立指标与隶属度的对应表（表 5 – 19）。

表 5 – 19　障碍位置隶属度

障碍位置	沙漏层	20cm	0.29
		50cm	0.79
		100cm	1.0
	潜育层	20cm	0.29
		50cm	0.85
		100cm	1.0

（九）有机质

数值型，有量纲指标（表 5 – 20）。

表 5 – 20　有机质隶属度

指标	项目	级别					
有机质	含量指标值（g/kg）	10	14	18	22	26	30
	隶属度值	0.15	0.33	0.52	0.66	0.87	1.0

（十）有效磷

数值型，有量纲指标（表 5 – 21）。

表 5 – 21　有效磷隶属度

有效磷（P）	含量指标值（mg/kg）	2	5	8	10	15	18
	隶属度值	0.13	0.31	0.46	0.64	0.90	1.0

（十一）速效钾

数值型，有量纲指标（表 5 – 22）。

表 5 – 22　速效钾隶属度

速效钾（K）	含量指标值（mg/kg）	30	50	70	95	120	150
	隶属度值	0.21	0.39	0.60	0.75	0.89	1.0

第六章　耕地地力等级

结合新县实际情况，我们在本次耕地地力评价工作中选取 11 个对耕地地力影响比较大、区域内的变异明显、土壤属性具有相对稳定性、与农业生产有密切关系的因素，建立了评价指标体系。以 1：50 000耕地园地土壤图、土地利用现状图、土壤养分点位图，通过叠加形成的图斑为评价单元，应用模糊综合评判方法对全县耕地进行评价。通过累积曲线分级法，把新县耕地地力共划分 5 个等级。

第一节　新县耕地地力等级

一、计算耕地地力综合指数

用指数法来确定耕地综合指数的具体操作过程：在县域耕地资源管理信息系统（CLR-MIS）的"专题评价"模块中，导入新县耕地地力评价层次分析模型和隶属函数模型，然后选择"耕地生产潜力评价"功能，进行耕地地力综合指数计算。

二、确定最佳的耕地地力等级数目

根据综合指数的变化规律，在耕地资源管理系统中，我们采用累积曲线分级法进行评价，根据曲线斜率的突变点（拐点）来确定等级的数目和划分综合指数的临界点，将新县耕地地力共划分为五等，详见图 6 – 1，表 6 – 1。

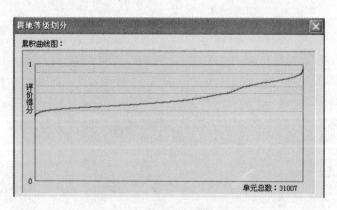

图 6 – 1　耕地地力等级分值累积曲线

表 6-1　耕地地力等级综合指数

IFI	≥0.9250	0.8100～0.9250	0.7500～0.8100	0.6000～0.7500	≤0.6000
耕地地力等级	一等地	二等地	三等地	四等地	五等地

三、耕地不同地力等级、面积与比例

新县耕地地力共分 5 个等级。其中，一等地 2 575 亩，占全县耕地面积的 0.57%；二等地 101 117 亩，占全县耕地面积的 22.42%；三等地 33 461 亩，占全县耕地面积的 7.42%；四等地 290 489 亩，占全县耕地面积的 64.41%；五等地 23 357 亩，占全县耕地面积的 5.18%，详见表 6-2 和图 6-2。

表 6-2　新县耕地地力分级评价结果面积统计表　　　　　（单位：亩）

地力等级	一等地	二等地	三等地	四等地	五等地	总计
面积	2 575	101 117	33 461	290 489	23 357	450 999
占耕地（%）	0.57	22.42	7.42	64.41	5.18	100

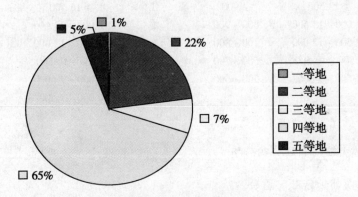

图 6-2　新县耕地地力不同等级面积所占比例图

四、新县耕地地力等级与国家耕地地力划分的等级对接

根据《全国耕地类型区、耕地地力等级划分》的标准，新县一等地全年粮食产量水平 ≥900kg/亩，可划分归为国家一等地；新县二等地全年粮食产量水平 800～900kg/亩，可划分归为国家二等地；新县三等地全年粮食产量水平 700～800kg/亩，可划分归为国家三等地；新县四等地全年粮食产量水平 500～700kg/亩，可划分归为国家四、五等地；新县五等地全年粮食产量水平 400～500kg 斤/亩，可划分归为国家六等地。详见表 6-3，图 6-3。

图 6-3 新县耕层土壤地力等级图

表 6-3 新县耕地地力等级与国家耕地地力划分的等级对接表

新县耕地地力等级划分			全国耕地地力等级划分		
等级	全年粮食单产水平		等级	全年粮食单产水平	
	（kg/hm²）	（kg/亩）		（kg/hm²）	（kg/亩）
1	≥13 500	≥900	1	≥13 500	≥900
2	12 000 ~ 13 500	800 ~ 900	2	12 000 ~ 13 500	700 ~ 800
3	10 500 ~ 12 000	700 ~ 800	3	10 500 ~ 12 000	700 ~ 800
4	7 500 ~ 10 500	500 ~ 700	4	9 000 ~ 10 500	600 ~ 700
5	7 500 ~ 9 000	500 ~ 600	5	6 000 ~ 7 500	400 ~ 500
			6	6 000 ~ 7 500	400 ~ 500

五、耕地地力等级空间分布分析

（一）各等级耕地行政区域分布

新县各等级耕地在全县各乡镇（区）分布情况，详见表 6-4。

一等地，共有 2 575 亩，其中，面积最大是八里畈镇，有 999 亩，占一等地面积的 38.8%；其次是香山湖管理区面积为 737 亩，占一等地面积的 28.62%；占一等地面积比例达到 10% 以上的乡还有浒湾乡和泗店乡；陈店乡、郭家河乡、陡山河乡、卡房乡、千斤乡、沙窝镇、苏河镇、新集镇八个乡镇无一等地。

二等地，共有 101 117 亩，全县各乡镇（区）均有分布，其中，面积最大陡山河乡、新集镇，面积分别为 12 568 亩、10 418 亩，分别占二等地面积的 12.43% 和 10.30%，其余乡镇所占比例均在 10% 以下。

三等地，共有 33 461 亩，全县各乡镇（区）均有分布，其中，面积最大箭厂河乡、新集镇、陈店乡面积分别为 9 096 亩、5 874 亩、4 644 亩，分别占三等地面积的 27.18%、17.55% 和 13.88%。

四等地，共有 290 489 亩，全县各乡镇（区）都有分布，其中，面积最大的千斤乡，有 31 770 亩，占四等地面积的 10.94%；其余乡镇所占面积比例均在 10% 以下。

五等地，共有 23 357 亩，全县各乡镇（区）都有分布，其中，面积最大的陡山河乡，有 5 757 亩，占五等地面积的 24.65%；占五等地面积比例达到 10% 以上的乡镇还有陈店乡、千斤乡、沙窝镇。

表 6-4　耕地地力分级行政区域面积分布表　　　　　　（单位：亩）

乡镇（区）	一等地	二等地	三等地	四等地	五等地	总计
八里畈镇	999	8 281	3 076	25 155	2 093	39 605
陈店乡		9 496	4 644	24 252	2 804	41 196
陡山河乡		12 568	709	17 803	5 757	36 837
郭家河乡		8 686	181	5 796	246	14 909
浒湾乡	269	4 750	808	11 561	26	17 414
箭厂河乡	99	5 975	9 096	20 016	1 657	36 843
卡房乡		6 251	365	5 720	334	12 670
千斤乡		3 104	739	31 770	2 827	38 439
沙窝镇		5 730	77	20 033	2 601	28 441
泗店乡	332	6 726	566	16 447	976	25 048
苏河镇		6 115	2 522	24 340	864	33 841
田铺乡	20	5 942		6 485	90	12 536
吴陈河镇	95	2 178	1 192	28 695	1 876	34 037
香山湖管理区	737	3 820	2 121	7 898	208	14 784
新集镇		10 418	5 874	21 523	496	38 311
周河乡	24	1 076	1 493	22 993	503	26 089
总计	2 575	101 117	33 461	290 489	23 357	450 999

（二）耕地地力等级在不同土种上的分布状况

不同的土种有不同的土壤结构，土壤结构的好坏，对土壤肥力因素、微生物的活动、耕性等都有很大的影响，因此，人们常常把土壤种类和土壤质地构型作为评价耕地地力等级的重要指标。新县土种原有 52 种，与省土种对接后，共有 19 个土种。其中，面积较大的土种类型有：黄沙泥田、厚层硅铝质黄棕壤、表潜青沙泥田、厚层沙泥质黄棕壤、中层沙泥质黄棕壤、底潜青沙泥田、中层硅铝质黄棕壤性土，面积分别为 109 285 亩、107 130 亩、88 038 亩、72 514 亩、32 367 亩、17 185 亩、13 905 亩，这 7 种土种共有 440 424 亩，占全县总耕地园地面积的 97.66%；其次是薄层硅铝质黄棕壤性土、浅位青沙泥田，面积分别为 6 221 亩、3 059 亩。以上 9 个土种合计 449 704 亩，占全县耕地园地面积的 99.71%。

黄沙泥田面积占全县耕地园地总面积的 24.23%，主要分布的耕地园地地力等级二等地上，其次为三等地，一等地也有小面积的分布，五等地上没有分布。二等地分布面积为 97 314 亩，占黄沙泥田面积的 89.05%，占总耕地园地面积的 21.58%；三等地 9 337 亩，占黄沙泥田面积的 8.54%，占总耕地园地面积的 2.07%。

厚层硅铝质黄棕壤面积占全县耕地园地总面积的 23.75%，主要分布的耕地园地地力等级四等地上，五等地分布次之，一等地、二等地、三等地上没有分布。其中，四等地面积为 96 902 亩，占厚层硅铝质黄棕壤面积的 90.45%，占总耕地园地面积的 23.87%；五等地面积为 10 228 亩，占厚层硅铝质黄棕壤面积的 9.55%，占总耕地园地面积的 2.52%。

表潜青沙泥田面积占全县耕地园地总面积的 19.52%，主要分布的耕地园地地力等级四等地，五等地分布次之，三等地分布极少，一等地、二等地上没有分布。其中，四等地面积为 83 534 亩，占表潜青沙泥田面积的 94.88%，占总耕地园地面积的 18.52%。五等地、三等地面积分别为 4254 亩、251 亩，二项合计占表潜青沙泥田面积的 5.12%，占总耕地园地面积的 0.99%。

厚层沙泥质黄棕壤占全县耕地园地总面积的 16.08%，主要分布在耕地园地地力等级的四等地上，三等地分布次之，二等地、五等地上分布极少，一等地上没有分布。其中，四等地面积为 60 951 亩，占厚层沙泥质黄棕壤面积的 84.05%，占总耕地园地面积的 15.01%，三等地面积为 11 128 亩，占厚层沙泥质黄棕壤面积的 15.35%，占总耕地园地面积的 2.74%。

从各级地在全县不同土种上分布面积分析，一等地全部分布在黄沙泥田，面积为 2 575 亩，占全县一等地面积的 100%，占总耕地园地面积的 0.57%；二等地主要分布在黄沙泥田，面积为 97 314 亩，占全县二等地面积的 96.24%，占总耕地园地面积的 21.58%；三等地主要分布在厚层沙泥质黄棕壤、黄沙泥田、底潜青沙泥田，面积分别为 11 128 亩、9 337亩、8 290亩，3 项合计占全县三等地面积的 85.94%，占总耕地园地面积的 6.38%；四等地主要分布在厚层硅铝质黄棕壤、表潜青沙泥田、厚层沙泥质黄棕壤、中层沙泥质黄棕壤，面积分别为 96 902亩、83 534亩、60 951亩、24 159亩，4 项合计占全县四等地面积的 91.41%，占总耕地园地面积的 58.88%；五等地主要分布在厚层硅铝质黄棕壤、中层沙泥质黄棕壤、表潜青沙泥田，面积分别为 10 228亩、8 208亩、4 254亩，3 项合计占全县五等地面积的 97.14%，占总耕地园地面积的 5.03%（表6-5）。

表6-5　耕地地力分级土壤类型面积分布表　（单位：亩）

省土类名	省土种名	一等地	二等地	三等地	四等地	五等地	总计
水稻土	黄沙土田		86				86
	潮粉土田		50	665	51		766
	黄沙泥田	2 575	97 314	9 337	59		109 285
	表潜青沙泥田			251	83 534	4 254	88 039
	底潜青沙泥田		3 558	8 290	5 338		17 186
	浅位青沙泥田				2 771	288	3 059
水稻土汇总		2 575	101 008	18 543	91 753	4 542	218 421
黄棕壤	薄层硅铝质黄棕壤性土			146	6 074		6 221
	中层硅铝质黄棕壤性土		51	3 332	10 523		13 905
	厚层硅铝质黄棕壤				96 902	10 228	107 130
	中层沙泥质黄棕壤				24 159	8 208	32 367
	厚层沙泥质黄棕壤		57	11 128	60 951	378	72 514
黄棕壤汇总			108	14 606	198 609	18 814	232 137
潮土	灰沙壤土				31		31
	底沙灰小两合土			312	97		409
潮土汇总				312	128		440
总计		2 575	101 117	33 461	290 489	23 357	450 999

（三）耕地地力等级在不同地形部位的分布

冲垄中下部耕地园地面积 108 284 亩，占耕地园地总面积的 24.01%，地力等级主要分布在四等地，面积 91 642 亩，占冲垄中下部耕地园地面积的 84.63%；其次是三等地、五等地、二等地面积分别为 8 541 亩、4 543 亩、3 558 亩，分别占冲垄中下部耕地园地面积的7.89%、4.2% 和 3.29%。

低山缓坡地耕地园地面积 171 392 亩，占耕地园地总面积的 38%，地力等级主要分布在四等地上，其次是五等地，二等地、三等地分布极少。其中，四等地面积为 152 440 亩，占低山缓坡地耕地园地面积的 88.94%，五等地面积 18 814 亩，占低山缓坡地耕地园地面积的 10.98%。

岗坡地耕地园地面积 7 207 亩，占耕地园地总面积的 1.6%，地力等级主要分布在四等地上，三等地分布面积较小，一等地、二等地、五等地上没有分布。四等地面积为 7 061 亩，占岗坡地耕地园地面积的 97.97%。

河谷阶地耕地园地面积 2 831 亩，占耕地园地总面积的 0.63%，地力等级主要分布在二等地、三等地上，面积分别为 1 314 亩、1 309 亩，分别占河谷阶地耕地园地面积的 46.41% 和 46.24%。

丘陵低山中下部及坡麓平坦地耕地园地面积 161 284 亩，占耕地园地总面积的 35.76%，地力等级主要分布在二等地，面积为 96 158 亩，占丘陵低山中下部及坡麓平坦地耕地园地面积的 59.62%，其次三等地、四等地上，面积分别为 23 412 亩、39 139 亩，分别占丘陵低山中下部及坡麓平坦地耕地园地面积的 14.52% 和 24.27%，一等地分布面积为 2 575 亩，仅占 1.6%（表 6 - 6）。

表 6 - 6　各地形部位耕地地力等级分布表　　　　　　　（单位：亩）

地力等级	一等地	二等地	三等地	四等地	五等地	总计
冲垄中下部		3 558	8 541	91 642	4 543	108 284
低山缓坡地		86	53	152 440	18 814	171 392
岗坡地			146	7 061		7 207
河谷阶地		1 314	13 09	207		2 831
丘陵低山中下部及坡麓平坦地	2 575	96 158	23 412	39 139		161 285
总计	2 575	101 117	33 461	290 489	23 357	450 999

（四）耕地地力等级在不同质地的分布

沙壤土耕地园地面积 183 398 亩，占耕地园地总面积的 40.66%，地力等级大部分分布在四等地上，其次是五等地、二等地上，三等地分布面积较小，一等地上没有分布。其中，四等地面积为 144 843 亩，占沙壤土耕地园地面积的 78.98%，五等地、二等地、三等地面积分别为 18 294 亩、14 661 亩、5 601 亩，分别占沙壤土耕地面积的 9.97%、7.99% 和 3.05%。

轻壤土耕地园地 153 420 亩，占耕地园地总面积的 34.02%，地力等级大部分分布在四等地上，其次是二等地、三等地、五等地，一等地上面积分布极少。其中，四等地面积为

94 246亩，占轻壤土耕地园地面积的61.43%；二等地、三等地、五等地，面积分别为37 842亩、16 189亩、5 044亩，三项合计占轻壤土耕地园地面积的38.51%，一等地面积为99亩，仅占轻壤土耕地园地面积的0.06%。

中壤土耕地园地面积89 983亩，占耕地园地总面积的19.95%，绝大部分分布在四等地上，其次是二等地、三等地，一等地、五等地分布面积极少。其中，四等地面积为51 400亩，占中壤土耕地园地面积57.12%；二等地、三等地面积分别为26 543亩、11 401亩，二项合计占中壤土耕地园地面积的42.17%。

重壤土耕地园地面积24 196亩，占耕地园地总面积的5.365%，主要分布在二等地上，一等地、三等地分布极少，四等地、五等地上没有分布。其中，二等地面积为22 071亩，占重壤土耕地园地面积的91.22%；一等地面积为1 855亩，占重壤土耕地园地面积的7.67%（表6-7）。

表6-7　地力等级质地分布表　　　　　　　　　　（单位：亩）

质地	一等地	二等地	三等地	四等地	五等地	总计
沙壤土		14 661	5 601	144 843	18 294	183 399
轻壤土	99	37 842	16 189	94 246	5 044	153 421
中壤土	621	26 543	11 401	51 400	18	89 984
重壤土	1 855	22 071	270			24 196
总计	2 575	101 117	33 461	290 489	23 357	450 999

（五）耕地地力等级在不同地表砾石度的分布

地表砾石度含量5%耕地园地面积218 861亩，占耕地园地面积的48.53%。耕地地力等级主要分布在二等地、四等地上，其次三等地，一等地、五等地分布面积较少。其中，二等地、四等地面积分别为101 009亩、91 880亩，两项合计占88.13%；三等地、一等地、五等地面积分别为18 855亩、2 575亩、4 543亩，3项合计占11.87%。

地表砾石度含量30%耕地园地面积147 250亩，占耕地园地面积的32.65%。耕地地力等级主要分布在四等地上，五等地次之，三等地分布面积极小。其中，四等地、五等地面积为136 780亩、10 272亩，两项合计占99.86%；三等地面积为199亩，占0.14%。

地表砾石度含量50%耕地园地面积84 886亩，占耕地园地面积的18.82%。耕地地力等级主要分布在四等地上，三等地次之，五等地分布面积较小。其中，四等地面积为61 829亩，占地表砾石面积的72.84%；三等地、五等地面积分别14 407亩、8 542亩，两项合计占地表砾石面积的27.03%（表6-8）。

表6-8　各地表砾石度耕地地力等级分布表　　　　　（单位：亩）

地表砾石度（%）	一等地	二等地	三等地	四等地	五等地	总计
5	2 575	101 009	18 855	91 880	4 543	218 862
30			199	136 780	10 272	147 251
50		108	14 407	61 829	8 542	84 887
总计	2 575	101 117	33 461	290 489	23 357	450 999

（六）耕地地力等级在不同障碍层类型分布

潜育层耕地园地面积108 283亩，占耕地园地面积的24.01%，耕地地力等级主要分布在四等地，其次三等地、五等地、二等地，一等地没有分布。其中，四等地面积为91 642亩，占潜育层的耕地园地面积的84.63%；三等地、五等地、二等地面积分别为8 541亩、4 543亩、3 558亩，分别占潜育层的耕地面积的7.89%、4.2%和3.29%。

沙漏层耕地园地面积409亩，占耕地园地面积的0.09%，耕地地力等级主要分布在三等地上，四等地面积较小。三等地面积为312亩，占沙漏层的耕地园地面积的76.28%。

无明显障碍耕地园地面积342 304亩，占耕地园地面积的75.9%，耕地地力等级主要分布在四等地，其次为二等地、三等地、五等地，一等地面积较小。其中，四等地面积为198 750亩，占无明显障碍的耕地园地面积的58.06%；二等地、三等地、五等地面积分别为97 558亩、24 608亩、18 814亩，三项合计占无明显障碍的耕地园地面积的41.19%，一等地面积为2575亩，占无明显障碍的耕地园地面积的0.75%（表6-9）。

表6-9 各地力等级障碍层类型分布表 （单位：亩）

障碍层类型	一等地	二等地	三等地	四等地	五等地	总计
潜育层		3 558	8 541	91 642	4 543	108 284
沙漏层			312	97		409
无明显障碍	2 575	97 558	24 608	198 750	18 814	342 306
总计	2 575	101 117	33 461	290 489	23 357	450 999

（七）不同地力等级灌溉保证率各级分布情况

无灌溉保证率的耕地园地面积有103 991亩，占全县耕地面积的23.06%。其中，一等地没有分布；二等地14 202亩，占无灌溉保证率耕地园地的13.66%；三等地6733亩，占无灌溉保证率耕地园地的6.47%；四等地67 579亩，占无灌溉保证率耕地园地的65.0%；五等地15 476亩，占无灌溉保证率耕地园地的14.88%。

灌溉保证率50%的耕地园地面积有28 217亩，占全县耕地面积的6.23%。其中，二等地面积10 377亩，占50%灌溉保证率面积的36.77%；三等地面积718亩，占50%灌溉保证率面积的2.54%；四等地面积126 95亩，占50%灌溉保证率面积的44.99%；五等地面积4 427亩，占50%灌溉保证率面积的15.69%。

灌溉保证率70%的耕地园地面积有187 406亩，占全县耕地面积的41.55%。其中，一等地面积44亩，占70%灌溉保证率面积的0.02%；二等地面积46 939亩，占70%灌溉保证率面积的25.04%；三等地面积5 229亩，占70%灌溉保证率面积的2.79%；四等地面积131 808亩，占70%灌溉保证率面积的70.33%；五等地面积3 387亩，占70%灌溉保证率面积的1.81%。

灌溉保证率90%的耕地园地面积有131 382亩，占全县耕地面积的29.13%。其中，一等地面积2 531亩，占90%灌溉保证率面积的1.93%；二等地面积29 598亩，占90%灌溉保证率面积的22.53%；三等地面积20 781亩，占90%灌溉保证率面积的15.82%；四等地面积78 406亩，占90%灌溉保证率面积的59.68%，五等地面积66亩，占90%灌溉保证率面积的0.05%（表6-10）。

表6-10　各耕地地力等级灌溉保证率分布表　　　　　　（单位：亩）

灌溉保证率	一等地	二等地	三等地	四等地	五等地	总计
0		14 202	6 733	67 579	15 476	103 991
50		10 377	718	12 695	4 427	28 218
70	44	46 939	5 229	131 808	3 387	187 407
90	2 531	29 598	20 781	78 406	66	131 383
总计	2 575	101 117	33 461	290 489	23 357	450 999

第二节　一等地主要属性

一、一等地面积与分布

新县一等地共计2 575亩，占全县耕地园地面积的0.57%。主要分布在八里畈镇、香山湖管理区、泗店乡、浒湾乡，面积分别为999亩、737亩、332亩、269亩，4个乡镇合计2 337亩，占一等地面积的90.76%，详见表6-11。

表6-11　一等地面积乡镇分布表

乡镇（区）	面积（亩）	所占比例（%）
八里畈镇	999	38.81
陈店乡		
陡山河乡		
郭家河乡		
浒湾乡	269	10.45
箭厂河乡	99	3.84
卡房乡		
千斤乡		
沙窝镇		
泗店乡	332	12.91
苏河镇		
田铺乡	20	0.77
吴陈河镇	95	3.68
香山湖管理区	737	28.61
新集镇		
周河乡	24	0.94
总计	2 575	100.00

二、一等地主要属性分析

对一等地的评价单元养分进行统计分析，结果见表6-12。从表中可以看出，该等级耕地耕层养分平均值有机质24.87 g/kg、全氮1.15 g/kg、有效磷13.7 mg/kg、速效钾78.97

mg/kg、有效铁 18.58 mg/kg、有效锰 8.08 mg/kg、有效铜 0.51 mg/kg、有效锌 0.39 mg/kg、水溶态硼 0.04 mg/kg、有效硫 33.84 mg/kg。

表 6 – 12　一等地耕层养分含量统计表

养分	平均值	最大值	最小值	标准偏差	变异系数
有机质（g/kg）	24.87	30.80	21.60	1.86	7.46
全氮（g/kg）	1.15	1.75	0.59	0.22	19.21
有效磷（mg/kg）	13.70	28.30	5.40	3.39	24.74
速效钾（mg/kg）	78.97	135.00	47.00	14.99	18.98
有效铁（mg/kg）	18.58	143.40	0.10	26.84	144.42
有效锰（mg/kg）	8.08	86.20	0.10	14.05	173.90
有效铜（mg/kg）	0.51	3.57	0.01	0.7	137.52
有效锌（mg/kg）	0.39	2.02	0.01	0.49	124.41
水溶态硼（mg/kg）	0.04	0.24	0.01	0.05	127.42
有效硫（mg/kg）	33.84	226.70	0.10	61.41	181.47

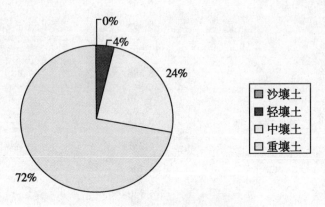

图 6 – 4　一级地中各质地比重分布图

根据表 6 – 5、表 6 – 6、表 6 – 7、表 6 – 8、表 6 – 9、表 6 – 10、表 6 – 12 和图 6 – 4 分析，一等地分布在黄沙泥田土种上，其他土种没有分布；地形部位全部分布在丘陵低山中下部及坡麓平坦地；质地大多为重壤土，亦有少数中壤土；地表砾石度全部分布在砾石含量 ≤ 5% 上；无明显障碍层；灌溉保证率全在 70% 以上；有效磷、速效钾均高于全县平均水平，有机质、全氮同全县平均水平基本持平。

三、合理利用

根据以上分析结果，一等地作为全县的粮油稳产高产田，应进一步完善排灌工程，调节地下水位，改善土壤水分状况，排除和防止涝渍。适当减少氮肥用量，补施钾肥，增施硼肥，平衡施肥；种植利用上要建立合理的轮作制度，实行稻—麦、稻—油调茬种植，种养结合、培肥地力；推广实施测土配方施肥技术，及时补充农作物生长过程中吸收带走的营养元素，协调土壤养分供求关系，保持地力常新。

第三节　二等地主要属性

一、二等地面积与分布

新县二等地共计 101 117 亩，占全县耕地园地面积的 22.42%。分布面积较大的乡镇有陡山河乡、新集镇、陈店乡、郭家河乡、八里畈镇、泗店乡、卡房乡、苏河镇、箭厂河乡、田铺乡、沙窝镇，面积分别为 12 568 亩、10 418 亩、9 496 亩、8 686 亩、8 281 亩、6 726 亩、6 251 亩、6 115 亩、5 975 亩、5 942 亩、5 730 亩，11 个乡镇合计 86 188 亩，占二等地面积的 85.24%，详见表 6 - 13。

表 6 - 13　二等地乡镇分布表　　　　　　　　（单位：亩）

乡名称	面积	所占比例（%）
八里畈镇	8 281	8.19
陈店乡	9 496	9.39
陡山河乡	12 568	12.43
郭家河乡	8 686	8.59
浒湾乡	4 750	4.70
箭厂河乡	5 975	5.91
卡房乡	6 251	6.18
千斤乡	3 104	3.07
沙窝镇	5 730	5.67
泗店乡	6 726	6.65
苏河镇	6 115	6.05
田铺乡	5 942	5.88
吴陈河镇	2 178	2.15
香山湖管理区	3 820	3.78
新集镇	10 418	10.30
周河乡	1 076	1.06
总计	101 117	100.00

二、二等地主要属性分析

对二等地的评价单元养分进行统计分析，结果见表 6 - 14。从表中可以看出，该等级耕地耕层养分平均值有机质 25.10 g/kg、全氮 1.26 g/kg、有效磷 9.87 mg/kg、速效钾 66.77 mg/kg、有效铁 36.55 mg/kg、有效锰 13.11 mg/kg、有效铜 0.73 mg/kg、有效锌 0.34 mg/

kg、水溶态硼 0.06 mg/kg、有效硫 23.31 mg/kg。

表 6-14 二等地耕层养分含量统计表

养分	平均值	最大值	最小值	标准偏差	变异系数
有机质（g/kg）	25.10	41.90	13.40	2.80	11.16
全氮（g/kg）	1.26	2.08	0.28	0.17	13.45
有效磷（mg/kg）	9.87	38.40	3.10	3.71	37.59
速效钾（mg/kg）	66.77	186.00	34.00	12.83	19.22
有效铁（mg/kg）	36.35	261.30	0.10	48.88	134.47
有效锰（mg/kg）	13.11	163.40	0.10	20.65	157.53
有效铜（mg/kg）	0.73	5.71	0.01	1.01	138.04
有效锌（mg/kg）	0.34	3.22	0.01	0.48	140.61
水溶态硼（mg/kg）	0.06	1.22	0.01	0.09	149.27
有效硫（mg/kg）	21.31	310.00	0.10	39.94	187.46

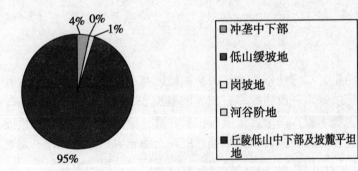

图 6-5 二等地地形部位比重分布图

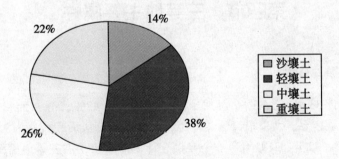

图 6-6 二等地质地比重分布图

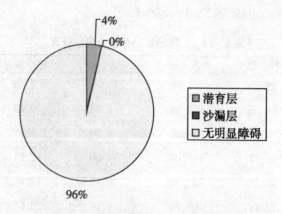

图 6 - 7 二等地障碍层类型比重分布图

根据表 6 - 5、表 6 - 6、表 6 - 7、表 6 - 8、表 6 - 9、表 6 - 10、表 6 - 14 和图 6 - 5、图 6 - 6、图 6 - 7 分析，二等地主要分布在黄沙泥田和底潜青沙泥田两个土种上，其他土种分布极少；地形部位大多分布在丘陵低山中下部及坡麓平坦地，冲垄中下部和河谷阶地也有少量分布；质地主要分布为轻壤土、中壤土，其次是重壤土和沙壤土；地表砾石度主要分布在砾石含量≤5%；主要分布在无明显障碍层上，潜育层上也有小面积的分布；灌溉保证率多在 70% 以上；有机质、全氮、有效磷、速效钾均高于全县平均水平。

三、合理利用

根据以上分析结果，二等地作为全县的粮油稳产高产田，进一步改善水利条件，在原有水利条件的基础上，搞好水利设施配套，扩大灌溉面积，增加旱涝保收面积。增施有机肥，秸秆还田、留高茬等技术投入，增加土壤有机质含量，稳定土壤保水保肥性能；加强测土配方施项目技术的实施，补磷补钾，培肥土壤，提高土壤肥力；合理轮作，调整茬口。扩大绿肥及养地作物种植面积，用养结合，培肥地力，增强后劲，提高粮食单产。

第四节 三等地主要属性

一、三等地面积与分布

新县三等地共计 33 461 亩，占全县耕地园地面积的 7.42%。分布面积较大的乡镇有箭厂河乡、新集镇、陈店乡、八里畈镇、苏河镇、香山湖管理区面积分别为 9 096 亩、5 874 亩、4 644 亩、3 076 亩、2 522 亩、2121 亩，6 个乡镇合计 27 333 亩，占三等地面积的 81.67%，详见表 6 - 15。

乡名称	面积	所占比例（%）
八里畈镇	3 076	9.19
陈店乡	4 644	13.88
陡山河乡	709	2.12
郭家河乡	181	0.54
浒湾乡	808	2.42
箭厂河乡	9 096	27.18
卡房乡	365	1.09
千斤乡	739	2.21
沙窝镇	77	0.23
泗店乡	566	1.69
苏河镇	2 522	7.54
田铺乡		
吴陈河镇	1 192	3.56
香山湖管理区	2 121	6.34
新集镇	5 874	17.56
周河乡	1 493	4.46
总计	33 461	100.00

表 6 – 15　三等地面积乡镇分布表　　　　（单位：亩）

二、三等地主要属性分析

对三等地的评价单元养分进行统计分析，结果见表 6 – 16。从表 6 – 16 中可以看出，该等级耕地耕层养分平均值有机质 24.73 g/kg、全氮 1.25 g/kg、有效磷 9.91 mg/kg、速效钾 66.57 mg/kg、有效铁 34.18 mg/kg、有效锰 13.30 mg/kg、有效铜 0.64 mg/kg、有效锌 0.31 mg/kg、水溶态硼 0.06mg/kg、有效硫 19.70 mg/kg。

根据表 6 – 5、表 6 – 6、表 6 – 7、表 6 – 8、表 6 – 9、表 6 – 10、表 6 – 16 和图 6 – 8、图 6 – 9、图 6 – 10、图 6 – 11 分析，三等地主要分布在黄沙泥田、底潜青沙泥田厚层沙泥质黄棕壤等土种上，其他土种也有少量分布；地形部位大多分布在丘陵低山中下部及坡麓平坦地，其次为冲垄中下部和河谷阶地，低山缓坡地和岗坡地分布极少；质地主要分布为轻壤土、中壤土，其次是沙壤土和重壤土；地表砾石度主要分布在砾石含量≤5%、≥50%；主要分布在无明显障碍层上，其次是潜育层，沙漏层分布面积极小；灌溉保证率多在90%以上；有机质与全县平均水平持平，全氮、有效磷、速效钾均高于全县平均水平。

表 6 – 16　三等地耕层养分含量统计表

养分	平均值	最大值	最小值	标准偏差	变异系数
有机质（g/kg）	24.73	31.90	13.40	2.80	11.33
全氮（g/kg）	1.25	1.90	0.50	0.16	13.0
有效磷（mg/kg）	9.91	36.60	3.10	3.68	37.10

（续表）

养分	平均值	最大值	最小值	标准偏差	变异系数
速效钾（mg/kg）	66.57	142.00	34.00	11.83	17.78
有效铁（mg/kg）	34.18	253.10	0.10	48.37	141.51
有效锰（mg/kg）	13.30	163.40	0.10	21.31	160.24
有效铜（mg/kg）	0.64	4.14	0.01	0.87	135.83
有效锌（mg/kg）	0.31	2.74	0.01	0.45	142.38
水溶态硼（mg/kg）	0.06	1.22	0.01	0.10	149.95
有效硫（mg/kg）	19.70	217.70	0.10	31.43	159.55

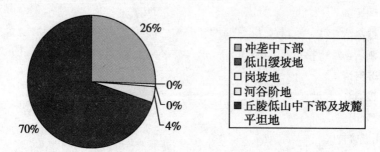

图 6-8　三等地地形部位比重分布图

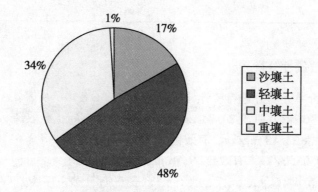

图 6-9　三等地质地比重分布图

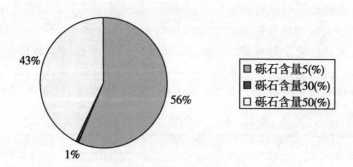

图 6-10　三等地地表砾石度比重分布图

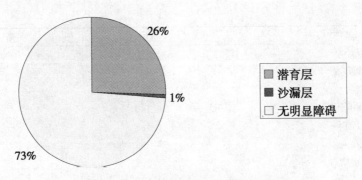

图 6 – 11　三等地障碍层类型比重分布图

三、合理利用

三等地属中产田，加强改造力度，实现中产变高产，对于全县粮油总产再上新台阶有着十分重要的意义。三等地地力中等，但大部分土壤质地和土体构型较好，通过耕作措施，打破潜育层、沙漏层，改善土壤结构；提高土壤有机质含量，补充土壤流失的矿物质养分。通过测土配方项目技术的实施，补磷补钾，培肥土壤，提高土壤肥力；通过配套建设田间工程适时排涝抗旱，节水灌溉，减轻土表径流，预防潜育层的形成。

第五节　四等地主要属性

一、四等地面积与分布

新县四等地共计 290 489 亩，占全县耕地园地面积的 64.41% 。分布面积较大的乡镇有千斤乡、吴陈河镇、八里畈镇、苏河镇、陈店乡、周河乡、新集镇、沙窝镇、箭厂河乡、陡山河乡、泗店乡面积分别为 31 770 亩、28 695 亩、25 155 亩、24 340 亩、24 252 亩、22 993 亩、21 523 亩、20 033 亩、20 016 亩、17 803 亩、16 447 亩，11 个乡镇合计 253 027 亩，占四等地面积的 87.10% ，详见表 6 – 17。

表 6 – 17　四等地乡镇面积分布表 　　　　　　　　　　　　（单位：亩）

乡名称	面积	所占比例（%）
八里畈镇	25 155	8.66
陈店乡	24 252	8.35
陡山河乡	17 803	6.13
郭家河乡	5 796	2.00
浒湾乡	11 561	3.98
箭厂河乡	20 016	6.89
卡房乡	5 720	1.97

（续表）

乡名称	面积	所占比例（%）
千斤乡	31 770	10.94
沙窝镇	20 033	6.90
泗店乡	16 447	5.66
苏河镇	24 340	8.38
田铺乡	6 485	2.23
吴陈河镇	28 695	9.88
香山湖管理区	7 898	2.72
新集镇	21 523	7.41
周河乡	22 993	7.92
总计	290 489	100.00

二、四等地主要属性分析

对四等地的评价单元养分进行统计分析，结果见表6-18。从表6-18中可以看出，该等级耕地耕层养分平均值有机质25.19 g/kg、全氮1.29 g/kg、有效磷8.87mg/kg、速效钾65.06 mg/kg、有效铁29.76 mg/kg、有效锰9.77 mg/kg、有效铜0.60 mg/kg、有效锌0.27 mg/kg、水溶态硼0.06 mg/kg、有效硫17.92 mg/kg。

表6-18 四等地耕层养分含量统计表

养分	平均值	最大值	最小值	标准偏差	变异系数
有机质（g/kg）	25.19	41.90	13.90	2.73	10.85
全氮（g/kg）	1.29	2.11	0.28	0.16	12.35
有效磷（mg/kg）	8.87	38.40	2.70	2.76	31.15
速效钾（mg/kg）	65.06	186.00	31.00	11.97	18.40
有效铁（mg/kg）	29.76	305.30	0.10	44.92	150.95
有效锰（mg/kg）	9.77	161.10	0.10	17.23	176.45
有效铜（mg/kg）	0.60	11.78	0.01	1.06	175.18
有效锌（mg/kg）	0.27	3.22	0.01	0.40	149.78
水溶态硼（mg/kg）	0.06	1.28	0.01	0.08	137.29
有效硫（mg/kg）	17.92	310.00	0.10	35.54	198.35

根据表6-5、表6-6、表6-7、表6-8、表6-9、表6-10、表6-18和图6-12、图6-13、图6-14、图6-15分析，四等地主要分布在厚层硅铝质黄棕壤、表潜青沙泥田、厚层沙泥质黄棕壤、中层沙泥质黄棕壤、中层硅铝质黄棕壤性土等土种上，其他土种也有少量分布；地形部位大多分布在低山缓坡地和冲垄中下部；质地主要分布为沙壤土、轻壤土、中壤土，重壤土没有分布；地表砾石度主要分布在砾石含量≥30%；主要分布在无明显障碍层上，其次是潜育层，沙漏层分布面积极小；灌溉保证率多在50%以上；全氮高于全县平均水平，有机质、有效磷、速效钾基本与全县平均水平持平。

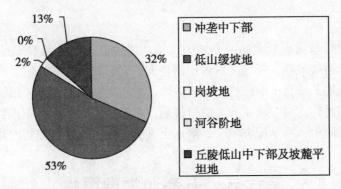

图 6 - 12 四等地地形部位比重分布图

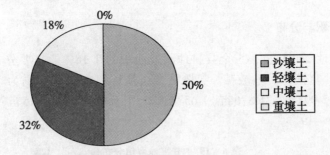

图 6 - 13 四等地质地比重分布图

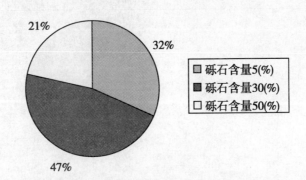

图 6 - 14 四等地地表砾石度比重分布图

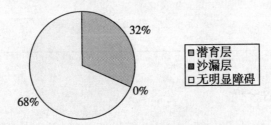

图 6 - 15 四等地障碍层类型比重分布图

三、合理利用

四等地是新县分布面积最大的一个地力等级，属中低产田。四等地地力中等，肥力偏低，主要分布在低山缓坡地，沙壤土所占比例较大，砾石含量较高，需要培肥改良，应采用多种途径增施有机肥，改良土壤结构和土壤耕性；采用机械深耕，逐年加深耕层，破除潜育层，提高土壤的通透性；对于坡度较大的旱耕地，修筑梯田，扩种绿肥作物和豆科作物，种养结合，提高土壤肥力；科学配方施肥，增加土壤养分投入，提高作物产量和品质。

第六节　五等地主要属性

一、五等地面积与分布

新县五等地共计 23 357 亩，占全县耕地园地面积的 5.18%。主要分布在陡山河乡、千斤乡、陈店乡、、沙窝镇、八里畈镇、吴陈河镇、箭厂河乡面积分别为 5 757 亩、2 827 亩、2 804 亩、2 601 亩、2 093 亩、21 876 亩、1 657 亩，7 个乡镇合计 19 615 亩，占五等地面积的 83.98%，详见表 6 - 19。

表 6 - 19　　五等地乡镇分布表

（单位：亩）

乡名称	面积	所占比例（%）
八里畈镇	2 093	8.96
陈店乡	2 804	12.00
陡山河乡	5 757	24.65
郭家河乡	246	1.05
浒湾乡	26	0.11
箭厂河乡	1 657	7.09
卡房乡	334	1.43
千斤乡	2 827	12.10
沙窝镇	2 601	11.13
泗店乡	976	4.18
苏河镇	864	3.70
田铺乡	90	0.38
吴陈河镇	1 876	8.03
香山湖管理区	208	0.89
新集镇	496	2.12
周河乡	503	2.15
总计	23 357	100.00

二、五等地主要属性分析

对五等地的评价单元养分进行统计分析，结果见表 6 - 20。从表 6 - 20 中可以看出，该等级耕地耕层养分平均值有机质 22.71 g/kg、全氮 1.23 g/kg、有效磷 7.33mg/kg、速效钾 63.33 mg/kg、有效铁 30.59 mg/kg、有效锰 14.96 mg/kg、有效铜 0.76 mg/kg、有效锌 0.31 mg/kg、水溶态硼 0.05 mg/kg、有效硫 28.58 mg/kg。

表6-20　五等地耕层养分含量统计表

养分	平均值	最大值	最小值	标准偏差	变异系数
有机质（g/kg）	22.71	34.70	12.70	2.42	10.67
全氮（g/kg）	1.23	1.79	0.45	0.16	12.82
有效磷（mg/kg）	7.33	13.10	3.80	1.60	21.80
速效钾（mg/kg）	63.33	119.00	29.00	9.78	15.45
有效铁（mg/kg）	30.59	258.50	0.10	39.87	130.31
有效锰（mg/kg）	14.96	112.40	0.10	22.21	148.44
有效铜（mg/kg）	0.76	6.39	0.01	1.05	138.54
有效锌（mg/kg）	0.31	1.99	0.01	0.38	121.76
水溶态硼（mg/kg）	0.05	0.48	0.01	0.06	112.11
有效硫（mg/kg）	28.58	227.20	0.10	39.51	138.22

　　根据表6-5、表6-6、表6-7、表6-8、表6-9、表6-10、表6-18和图6-16、图6-17、图6-18分析，五等地主要分布在厚层硅铝质黄棕壤、中层沙泥质黄棕壤、表潜青沙泥田；地形部位分布在低山缓坡地和冲垄中下部；质地主要分布为沙壤土、轻壤土、中壤土；地表砾石度主要分布在砾石含量≥30%；主要分布在无明显障碍层上，其次是潜育层，沙漏层上没有分布；灌溉保证率多在50%以下；有机质、有效磷、速效钾均低于全县平均水平。全氮与全县平均水平基本持平。

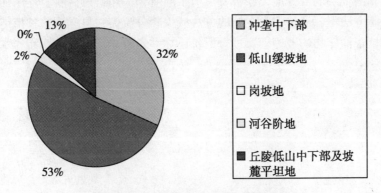

图6-16　五等地地形部位比重分布图

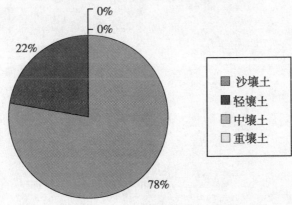

图6-17　五等地质地比重分布图

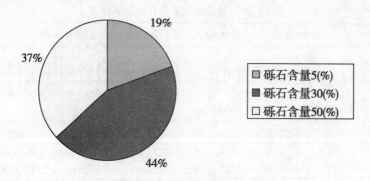

图 6 – 18   五等地地表砾石度比重分布图

综上所述，五等地主要存在耕层浅薄，肥力低下，质地不良，地表砾石含量高，潜育层，养分含量低等特点，由于受地形部位影响，灌溉条件较差，属低产田。

三、合理利用

根据不同区域的五等地特点，因地制宜，加以改造利用，逐步提高地力，使其向中产田转化。整体来讲，增加秸秆还田，扩大绿肥种植面积，加深耕层，培肥地力，改良土壤结构；在施肥方面要氮、磷、钾肥配合施用，根据不同作物需肥规律，合理增施中微量元素；对质地较轻或含潜育层的五等地，积极发展节水灌溉，采用机械深耕，逐年加深耕层，破除潜育层；在施肥方法上，通过多次少施的方法减少养分流失；科学调整种植结构，对不适宜或勉强适宜种植粮油作物的五等地，进行退耕还林、还牧，培养植被，涵养水源。

第七章　耕地资源利用类型区

土壤是人类赖以生存的最基本物质基础，是特殊的生产资料。通过对土壤的基本属性及相关自然环境条件和经济社会发展状况进行综合评价，可以有效地界定各种土壤的优劣及改良方向。根据新县耕地地力调查成果，合理划分耕地资源利用类型区，对于充分利用土壤，因地制宜发展农业生产，造福全县人民具有重要意义。

第一节　耕地资源类型区划分原则和依据

耕地资源评价是一项复杂的系统工程，涉及自然环境条件、生物群落分布、人类生产活动以及经济社会发展水平等诸多因素。划分耕地资源利用类型区，就是要充分利用自然资源和经济社会资源，最大限度地可持续利用土壤，提高农业整体效益。我县耕地资源利用类型区划分的原则是，以自然条件、土壤基本属性相同为重点，兼顾种植制度的类似性，农业生产条件和经济社会发展的一致性，限制因素和改良方向的统一性，合理划分类型区。

新县耕地资源利用类型区划分的主要依据是耕地地力评价系统。该系统是建立在翔实的野外调查和室内分析基础上，通过先进实用的技术路线和专家打分确定评价指标及权重，具有先进性和权威性。评价指标共 11 项，涉及 4 个方面。各方面在耕地地力评价上所占权重不同，其中，立地条件占 31.45%；剖面性状占 28.38%；耕层养分状况占 21.49%；障碍因素占 18.68%。

第二节　耕地资源利用类型区

新县总耕地园地 450 999 亩，共有 3 个土类、5 个亚类，8 个土属，19 个土种。根据耕地资源利用类型区划分原则和依据，全县可划分 3 个耕地资源利用类型区。

一、北部浅山区

该区位于县城以北，包括苏河、沙窝、八里畈、浒湾、吴陈河和千斤共有 6 个乡镇，92 个村。耕地园地面积 191 777 亩，占全县总耕地园地的 42.52%。

该区包含水稻土、黄棕壤、潮土 3 个土类、4 个亚类、7 个土属。土壤有机质 25.29g/kg、全氮 1.32 g/kg、速效钾 65.91mg/kg，均高于全县平均水平；有效磷 7.77 mg/kg，低于全县平均水平。综合评价，一等地 1 363 亩，占该区总面积的 0.71%；二等地 30 158 亩，占该区总面积的 15.73%；三等地 8 414 亩，占该区总面积的 4.39%；四等地 141 554 亩，占该区总面积的 73.81%；五等地 10 287 亩，占该区总面积 5.36%。该区域属石堰口、王沟等中小型水库自流保灌区，灌溉保证率 70%~80%，平均灌溉保证率在 64.55%。

该区域水田轮作方式有稻—麦、稻—油或一年一季稻；旱地为花生—油菜、红薯—小麦。由于本区域内土壤立地条件好，且肥力较高，在利用安排上，建议作为粮经高产基地进行开发建设。作物种植规划为水田：水稻—油菜，旱地花生—油菜为主。

二、中部中山区

该区域位于我县中部，包括田铺、周河、新集、卡房、陡山河、香山湖管理区 5 个乡（镇、区）53 个村。耕地园地面积 141 277 亩，占全县耕地园地面积的 31.31%。

该区包含水稻土、潮土、黄棕壤 3 个土类，5 个亚类，8 个土属。土壤养分中有机质平均含量为 26.48g/kg，有效磷 10.29mg/kg，均高于全县平均水平；全氮 1.20g/kg，速效钾 63.05mg/kg，均低于全县平均水平。综合评价，一等地 781 亩，占该区总面积的 0.55%；二等地 40 075 亩，占该区总面积的 28.38%；三等地 10 562 亩，占该区总面积的 7.48%；四等地 82 422 亩，占该区总面积的 58.36%；五等地 7 388 亩，占该区总面积的 5.23%。该区域属香山、长洲河等大中型水库保灌区，有效灌溉面积达到 43%~77%。平均灌溉保证率为 62.93%，目前，水田轮作方式为稻绿肥或一年一季稻后休闲，旱地为花生—油菜、薯—麦为主或一年种一季春播作物。

三、南部浅山区

该区域位于县城以南包括箭厂河、郭家河、陈店大部，泗店计 4 个乡，39 个村。耕地面积 117 995 亩，占全县耕地的 26.16%。

该区包含水稻土、潮土、黄棕壤 3 个土类，5 个亚类，6 个土属。土壤有机质 23.94g/kg，低于全县平均水平；全氮 1.29g/kg、有效磷 9.41mg/kg、速效钾 69.90mg/kg，均高于全县平均水平。综合评价，一等地 431 亩，占该区总面积的 0.37%；二等地 30 833 亩，占该区总面积 26.17%；三等地 14 487 亩，占该区 12.28%；四等地 66 511 亩占该区总面积的 56.37%；五等地 5 683 亩，占该区总面积 4.82%。

该区域属杨冲等中小型水库灌溉为主，农田水利设施不配套。稻田灌溉用水多靠山冲顶部的小塘坝，灌溉保证率 62%~74%，平均为 66.94%。水田种植方式为稻—油菜、花生—油或一年一季水稻，旱地为花生—油菜或大豆—油菜，是新县粮油产区，每亩耕地年产粮油 850kg 左右。

本区域稻田受地形地貌和排水因素限制，80% 的稻田都是一年种一季稻。建议采用稻—肥轮作种植。在水稻收割前后，及时排干田水，种植一季紫云英，第二年春播前压青沤肥。通过水旱交替轮作方式，改良土壤通透环境，促进土壤有效养分的分解释放，培肥改良土壤。

第八章 耕地资源合理利用对策与建议

通过开展新县耕地地力评价工作，摸清了全县耕地地力基本情况，掌握了全县在耕地管理与利用、生态环境建设等方面存在的主要问题。为将耕地地力评价成果及时用于指导农业生产，发挥科技推动生产力作用，有针对性地解决当前农业生产中存在的问题，本章从耕地地力建设与土壤改良利用、耕地资源合理配置与种植结构调整、科学施肥、耕地质量管理等方面提出对策与建议。

第一节 耕地地力建设与土壤改良利用

一、耕地利用现状

新县现有耕地 450 999 亩。其中，一等地、二等地占 22.99%，是新县粮油生产的高产稳产田；三等地、四等地占 71.83%，为中产田；五等地占 5.18%，属低产田。本县是山区农业县，主要作物有水稻、油菜、小麦、花生、茶叶、油茶等。2010 年，农作物播种面积 457 575 亩，其中，粮食作物播种面积 226 215 亩，油料 143 295 亩，茶叶 14 万亩；粮食总产约 121 093t。

二、耕地地力建设与改良利用

(一) 北部浅山区

该区总体来看地力基础较好，是新县粮经主产区。存在的主要问题是中低产田面积大，90% 以上的灌溉保证率面积小，旱地土壤结构不良，耕层浅薄，有机质、有效磷含量偏低。改良措施：一是搞好农田基本建设，提高灌溉保证率，挖掘中、低产田潜力，提高中低产田的生产力；二是通过深耕改土，秸秆还田，增施有机肥、磷肥，进行冬深翻晒垡，提高地温，促使土壤有效养分分解，减少有毒物质排放等有效措施，改造潜育层和旱地瘠薄培肥型造成的中、低产田；三是合理作物布局，建立一套科学的耕作制度，稳定复种指数，种地养地相结合；四是保持和改善生态环境，对大于 25° 的陡坡严禁开荒种粮，已垦的建议退耕还林、还牧，种植茶叶和中药材，有计划的进行小流域治理，以达到保持水土，防止流失的目的，对适于牧用的荒坡草地加以改造。利用饲草资源，发展畜牧业。

(二) 中部中山区

该区域海拔高，地形复杂，森林覆盖面积大，土层薄，砾石含量高，耕层养分偏低，潜育层面积大，制约农业生产因素多。改良措施：一是实行科学灌溉、水旱轮作，消除障碍层"潜育层"，促进土壤养分的分解释放和有害物质的排放。实行冬耕晒垡，促耕层土壤风化，改良土壤结构；二是改革耕作制度，扩大绿肥等豆科作物种植面积，用地养地结合，培肥土壤；三是推广应用测土配方施肥技术，缺啥补啥，种养结合；四是合理布局建立商品生产基地，大力发展农村工业。建立周河为主的东部油茶商品生产、榨油加工基地；建立卡房、陡山河为主的本部板栗商品生产基地；发展中草药生长基地，人工培植珍贵药材。

（三）南部浅山

该区域地力基础总体来看稍低于全县平均水平，存在主要问题是水利条件差，旱耕地比较瘠薄。改良措施：一是加强农田基本建设，提高灌溉保证率，改革耕作制度，水改旱作；二是种地养地相结合，提高绿肥、经济作物种植面积，多施有机肥，增施磷、钾肥，精耕细作，提高单产；三加大秸秆还田面积以及测土配方施肥应用面积，提高科学种田水平；四是建立商品生产基地，发展加工业。以陈店为中心的茶叶商品生产基地；以箭河、郭家河为中心的花生生产基地。抓好小流域治理，防止水土流失。

第二节　耕地资源合理配置与农业结构调整

耕地资源合理配置的基本任务就是依据耕地属性，因地制宜地进行农作物布局。农业结构调整的基础是耕地资源，脱离耕地资源的农业结构调整是不切实际的，达不到预期目的。新县耕地资源划分的 3 个类型区，各区都有基本特征，也有相似之处。在重视粮食生产基础上，各区扬长避短地发展特色农业是农业结构调整的根本出路，也是充分发挥耕地资源潜力的有效途径。

一、发展粮油生产

水稻是新县第一大粮食作物，常年种植面积 18.78 万亩，油菜是最大的油料作物，常年种植面积 10.5 万亩。水稻、油菜播种面积占全县粮油作物播种面积的 64.04%，产量占全县粮油总产量的 86.82%。稳定水稻、油菜面积，提高单产是各耕地资源类型区的共同目标。

二、优化产业结构

多年来，围绕市场经济发展的需要，不断优化产业结构，逐步形成了水稻、油菜、花生、茶叶、油茶、中药材六大优势作物。应根据市场发展需要，因地制宜进一步优化产业结构。

第三节　科学施肥

科学施肥在农业生产中具有重要作用。科学试验表明，作物生长发育所需的生活条件满足时，科学施用肥料，其增产作用可占全部增产作用的 50%。科学施肥的重要内容是提高肥料利用率和提高经济效益。科学施肥的基本原理主要是养分归还学说、营养元素同等重要不可替代学说、最小养分律、报酬递减律、生产因子综合作用等。目前，科学施肥的具体体现是测土配方施肥。

一、积极开展土壤改良与培肥

良好的土壤条件是测土配方施肥的基础。新县各耕地资源类型区应广泛开展耕地土壤改良与培肥，广辟肥源，增施有机肥；推广秸秆粉碎还田；黏土深翻，破除犁底层，改良土壤结构，促进团粒结构形成；沙土掺黏改土提高保水保肥性能。

二、加快推广测土配方施肥

测土配方施肥是依托土壤养分化验数据和肥效试验结果，根据作物需肥规律、土壤供肥特性和肥料利用效应，在施用有机肥的基础上，提出目标产量所需氮、磷、钾及中微量元素肥料用量与方法的施肥技术。通俗地讲，就是缺什么，施什么；缺多少，施多少。

通过耕地地力评价工作，新县已建立了主要农作物水稻、油菜的测土配方施肥技术体系。在今后的农业生产中应加快推广，努力把技术优势转化为农业效益。

三、建立测土配方施肥动态指标体系

通过新县测土配方施肥与耕地地力评价项目的开展，全县已建立了主要农作物水稻、油菜的测土配方施肥指标体系。该技术已在农业生产中发挥了显著作用。为进一步提升全县施肥水平，提高农业效益，应该建立测土配方施肥动态指标体系。

（一）加强田间肥效试验

认真完成农业部项目要求的肥效试验，为测土配方施肥技术的推广提供扎实可靠的依据。

（二）完善施肥指标体系

根据年度土壤肥力监测数据和田间肥效试验结果，组织有关农业专家及典型科技户，对已应用的施肥指标体系进行修正，使下年度的施肥指标更符合实际，发挥更大作用。

四、切实搞好服务，发挥测土配方施肥效益

测土配方施肥的最终目的是农作物施肥。土肥技术部门与肥料生产、销售企业密切合作，各负其责。土肥技术部门按不同类型区、不同作物提供配方，肥料生产企业保质保量生产，肥料销售企业合理布点及时提供给农户，农户按时施肥。通过良好的服务，充分发挥测土配方施肥的作用。

五、加强测土配方施肥宣传培训工作

测土配方施肥是比较复杂的农业增产技术措施，搞好测土配方施肥需要有较高的土肥理论水平及实际操作技术，尤其是土壤取样与土壤化验分析。每年县级专业技术人员应接受上级培训10人次以上。县级专业技术人员应大力宣传测土配方施肥，可采用深入田间地头、印发资料、利用媒体等形式，也可通过发放施肥明白卡、走村入户形式。总之，让农户在明白道理的情况下，积极落实测土配方施肥技术，达到农业增效、农民增收、农村发展的目的。

第四节 耕地质量管理

耕地是最基本的农业生产资料，同时，也是非常特殊的农业生产资料。加强耕地质量管理，保护耕地是农业生产发展的前提。新县人多地少，耕地资源后备匮乏，保护耕地、提高耕地质量势在必行。

一、建立耕地质量管理的法规体系

（一）依法开展耕地质量管理

认真贯彻落实《中华人民共和国土地法》《基本农田保护条例》《中华人民共和国农村土地承包法》等法律、法规。执法部门应提高执法水平，确保耕地面积不缩小，耕地质量不下降。

（二）制定新县耕地质量管理办法

国家的法律、法规是耕地质量管理的基石，必须坚决执行。针对千差万别的实际情况，在法律、法规规范内制定新县耕地质量管理办法，通过技术手段明确耕地质量的指标变化幅度，对涉及耕地质量的各个层面进行规定，进一步提升耕地质量管理的可操作性。建立新县耕地质量管理奖励基金，对于采取农业措施提升耕地质量的农户、组、村、乡进行奖励，形成全社会重视耕地质量的局面。

二、推行农业标准化生产

农业标准化生产是农业发展的方向，可有效增加农产品的产量和质量，规范的农业生产活动可减少各种浪费，避免人为因素污染土壤，是耕地保护的有效途径。全县应抓住发展特色农业的良机，在各个类别的生产基地组织推行农业标准化生产，达到耕地使用与农业发展的良性循环。

三、加强农业技术培训

通过"阳光工程培训"和"科技入户"活动，大力开展农业技术培训，推进耕地质量管理工作。健全县乡农技推广网络，充分发挥农业技术人员作用，开展农村技术培训，提高农民科技意识和科学种田水平。

第九章　新县水稻适宜性研究专题报告

一、基本情况

水稻是新县的主要粮食作物，常年种植面积 18 万亩左右，全县各个行政村均有种植，平均亩产 500kg 左右。产量受土壤水型限制差异性较大，即从潴育型、淹育型到潜育型依次降低。依据本县土地资源和利用现状，依托测土配方施肥资金补贴项目，从对水稻生长影响较大的剖面性状、耕层养分状况、障碍因素 3 个方面入手，从土壤种植条件上，开展适宜性评价，为科学种植水稻提供参考依据。

二、建立水稻适宜性评价指标体系

综合《测土配方施肥技术规范》《耕地地力评价指南》和"县城耕地资源管理信息系统4.0"的技术规定和要求，我们选取评价指标、确定各指标权重和确定各评价指标的隶属度三项内容归纳为建立水稻适宜性评价指标体系。

（一）选取评价指标

根据重要性、稳定性、差异性、易获取性、精简性、全局性、整体性与独立性的原则，结合新县的农业生产实际、农业生产自然条件和耕地土壤特征，组织了县土壤、农学、栽培、农田水利、土地资源、土壤农化专家，对本县的水稻适宜性评价指标进行逐一筛选。从农业部测土配方施肥技术规范中列举的六大类 66 个指标中选取了 8 项因素作为适宜性评价的因子，分别为地形部位、灌溉保证率、水型、有机质、有效磷、速效钾、障碍层类型和障碍层出现位置。

指标选取的依据如下。

1. 地形部位

新县地形地貌层峦叠嶂，河溪纵横，有山地、丘陵、冲积河谷和堆积凹谷。在岗坡、冲垄上、中、下部、丘陵低山中下部等不同地形上，热量、土壤水分、养分的分配均不同，导致土壤的水热条件和作物种植都发生相应的改变。

2. 灌溉保证率

灌溉保证率是决定水稻种植的首选条件。新县各水稻种植区域供水条件均不相同，在干旱年份，对产量影响很大。

3. 水型、剖面构型、质地构型

根据新县实际情况，水型、剖面构型、质地构型作为一个指标来考虑，水型不同，土壤结构有很大差异。水稻土用水型来评价，黄棕壤用剖面构型评价，潮土用质地构型评价。

4. 障碍层类型

不同的障碍层类型，对水稻生长造成不同的负面影响，一般影响水稻根系下扎，障碍层影响土壤的水肥供应和对气热传递，也是土壤改良的主要对象。

5. 障碍层出现位置

障碍层出现位置对水稻生长影响很大，新县水稻土障碍层出现位置差异较大，所以也是必选因子。

依据评价指标选取原则，上述 6 项均具备了重要性、稳定性、差异性、易获取性、精简性、全局性、整体性与独立性。同时，选取了有机质、有效磷、速效钾 3 个养分指标作为本次评价依据。

（二）确定评价指标的权重

在选取的水稻适宜性评价指标中，各指标对耕地质量和水稻产量高低的影响程度各不相同，因此，我们结合专家意见，采用层次分析法，合理确定各评价指标的权重。

1. 建立层次结构

新县水稻适宜性为目标层（G 层），影响适宜性的剖面性状、耕层养分状况及障碍因素为准则层（C 层），再把影响准则层中各因素的项目作为指标层（A 层）。其结构关系如图 9 – 1 所示。

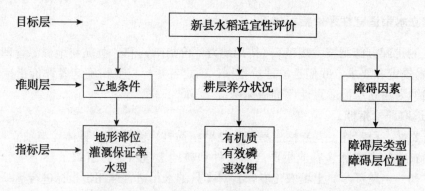

图 9 – 1　新县水稻适宜性评价层次结构模型图

2. 构造判断矩阵

专家们评估的初步结果经适宜的数学处理后（包括实际计算的最终结果—组合权重），反馈给各位专家，请专家重新修改或确认，确定 C 层对 G 层以及 A 层对 C 层的相对重要程度，共构成 G、C_1、C_2、C_3 4 个判断矩阵（表 9 – 1 至表 9 – 4）。

表 9 – 1　目标层 G 判别矩阵

新县水稻　判断矩形一致性比例：0；对总目标的权重：1

新县水稻	障碍因素	养分状况	立地条件	Wi
障碍因素	1.0000	0.8182	0.6750	0.2700
养分状况	1.2222	1.0000	0.8250	0.3300
立地条件	1.4815	1.2121	1.0000	0.4000

表9-2 立地条件 C_1 判别矩阵

立地条件 判断矩形一致性比例为：0；对总目标的权重：0.4000

立地条件	灌溉保证率	水型	地形部位	Wi
灌溉保证率	1.0000	0.9118	0.8857	0.3100
水型	1.0968	1.0000	0.9714	0.3400
地形部位	1.1290	1.0294	1.0000	0.3500

表9-3 养分状况 C_2 判别矩阵

养分状况 判断矩形一致性比例为：0；对总目标的权重：0.3300

养分状况	速效钾	有效磷	有机质	Wi
速效钾	1.0000	0.9688	0.8378	0.3100
有效磷	1.0323	1.0000	0.8649	0.3200
有机质	1.1935	1.1563	1.0000	0.3700

表9-4 障碍因素 C_3 判断矩阵

障碍因素 判断矩形一致性比例为：0；对总目标的权重：0.2700

障碍因素	障碍层类型	障碍层位置	Wi
障碍层类型	1.0000	0.8868	0.4700
障碍层位置	1.1277	1.0000	0.5300

3. 层次单排序及一致性检验

从上表9-1至表9-4可以看出，判断矩形一致性比例均为0，具有很好的一致性。

4. 层次总排序及一致性检验

经层次总排序，并进行一致性检验通过，得出新县水稻适宜性评价指标权重结果（见表9-5，图9-2）。

表9-5 层次分析指标权重结果表

层次 C	立地条件 0.4	耕层养分状况 0.33	障碍因素 0.27	组合权重
地形部位	0.35			0.140
灌溉保证率	0.31			0.124
水型	0.34			0.136
有机质		0.37		0.1221
有效磷		0.32		0.1056
速效钾		0.31		0.1023
障碍层类型			0.47	0.1269
障碍层位置			0.53	0.1431

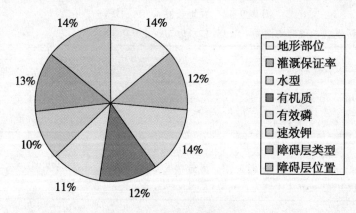

图 9－2　层次分析模型图

（三）确定各评价指标的隶属度

对地形部位、灌溉保证率、水型、障碍层类型等概念型定性因子采用专家打分法，经过归纳、反馈、逐步收缩、集中，最后产生获得相适宜的隶属度。参评因素的隶属度，详见表 9－6 至表 9－10。

表 9－6　新县水稻适宜性评价地形部位隶属度值表

	描述	隶属度
地形部位	低山缓坡地	0.38
	岗坡地	0.55
	河谷阶地	0.68
	冲垄中下部	0.80
	丘陵低山中下部及坡麓平坦地	1.0

表 9－7　新县水稻适宜性评价灌溉保证率隶属度值表

灌溉保证率	50%	0.28
	75%	0.72
	95%	1.0

表 9－8　新县水稻适宜性评价水型、剖面构型、质地构型隶属度值表

水型	潜育型	0.48
	淹育型	0.72
	潴育型	1.0

（续表）

剖面构型	A-D	0.18
	A-B-D	0.30
	A-B	0.75
	A-C	1.0
质地构型	均质沙土	0.2
	均质沙壤	0.3
	沙身轻壤	0.42
	沙底轻壤	0.57
	均质轻壤	0.70
	沙底中壤	0.8
	均质中壤	1.0

表 9 – 9　新县水稻适宜性评价障碍类型隶属度值表

障碍类型	潜育层	0.29
	沙漏层	0.59
	无明显障碍	1.0

表 9 – 10　新县水稻适宜性评价障碍位置隶属度值表

障碍位置	沙漏层	20cm	0.27
		50cm	0.78
		100cm	1.0
	潜育层	20cm	0.32
		50cm	0.83
		100cm	1.0

　　而对有机质、有效磷、速效钾定量因子则采用 DELPHI 法，根据一组分布均匀的实测值，评值出对应的一组隶属度，然后在计算机中绘这两组数值的散点图，再根据散点图进行曲线模拟，寻求参评因素实际值与隶属度关系方程，从而建立起隶属函数。根据隶属函数计算各参评因素的单因素评价评语。以有效磷为例，模拟曲线，详见图 9 – 3。

　　其隶属函数为戒上型，形式为：

$$Y = \begin{cases} 0, & u \leqslant u_t \\ y = 1/(1 + a * (u-c)^2) & u_t < u < c \\ 1, & c \leqslant u \end{cases}$$

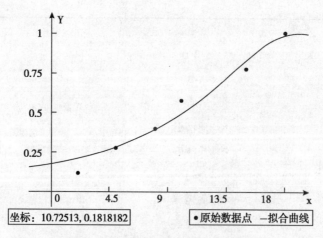

坐标：10.72513, 0.1818182   ● 原始数据点 — 拟合曲线

图 9 – 3　有效磷与隶属度关系曲线图

各参评因素类型及其隶属函数，详见表 9 – 11。

表 9 – 11　参评因素类型及其隶属函数表

函数类型	参评因素	隶属函数	a	c	u_t
戒上型	有机质（g/kg）	y = 1/（1 + a * （u-c）^2）	0.006529	30.143	10
戒上型	有效磷（mg/kg）	y = 1/（1 + a * （u-c）^2）	0.012734	19.011	2
戒上型	速效钾（mg/kg）	y = 1/（1 + a * （u-c）^2）	0.000166	141.475	30

（四）确定水稻适宜性等级

根据综合指数的变化规律，在耕地资源管理系统中，我们采用累积曲线分级法进行评价，根据曲线斜率的突变点（拐点）来确定等级的数目和划分综合指数的临界点，将水稻适宜性评价共划分四级，各等级综合指数，详见表 9 – 12，图 9 – 4。

表 9 – 12　新县水稻适宜性评价等综合指数表

IFI	≥0.8800	0.7100-0.8800	0.5200-0.7100	≤0.5200
水稻适宜性等级	高度适宜	适宜	勉强适宜	不适宜

三、适宜性评价结果

（一）水稻各适宜性种植面积与比例

全县耕地园地 450 999 亩，其中，水稻高度适宜种植面积 12 910 亩，占 2.86%；水稻适宜种植面积 160 236 亩，占 35.53%；水稻勉强适宜种植面积 256 381 亩，占 56.85%；水稻不适宜种植面积 21 471 亩，占 4.76%（表 9 – 13，图 9 – 5、图 9 – 6）。

表 9 – 13　新县水稻适宜性评价结果面积统计表　（单位：亩）

适宜性	高度适宜	适宜	勉强适宜	不适宜	总计
面积	12 910	160 236	256 381	21 471	450 999
比例（%）	2.86	35.53	56.85	4.76	100

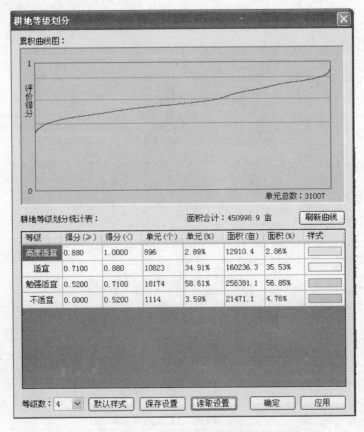

图 9-4　综合指数分布图

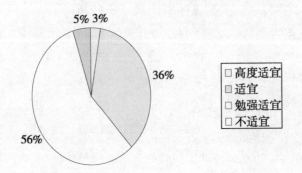

图 9-5　新县水稻各适宜性面积所占比例图

（二）水稻各适宜性种植空间分布分析

1. 水稻各适宜性种植行政区域分布

水稻高度适宜种植面积共有 12 910 亩，主要分布在新集镇、浒湾乡、香山湖管理区、八里畈镇、箭厂河乡，面积分别为 3 252 亩、2 222 亩、1 733 亩、1 383 亩、1 280 亩，五乡镇合计占高度适宜面积的 76.45%；除陡山河乡没有高度适宜分布外，其余乡镇均有小面积的分布（表 9-14）。

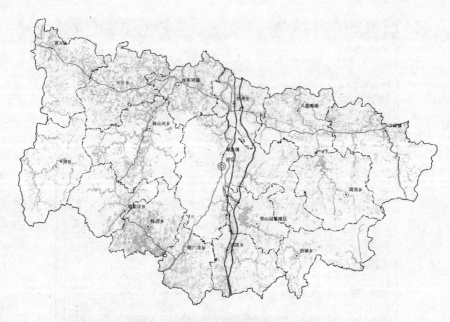

图9-6　新县水稻适宜性评价分布图

表9-14　新县各乡镇适宜性类型面积统计表　　　　（单位：亩）

乡镇（区）名称	高度适宜	适宜	勉强适宜	不适宜	总计
八里畈镇	1 383	17 137	18 993	2 093	39 605
陈店乡	4	15 080	26 112		41 196
陡山河乡		14 012	17 323	5 502	36 837
郭家河乡	215	8 867	5 826		14 909
浒湾乡	2 222	6 145	8 248	799	17 414
箭厂河乡	1 280	17 529	17 775	259	36 843
卡房乡	90	6 577	5 974	29	12 670
千斤乡	128	4 183	30 917	3 211	38 439
沙窝镇	2	6 048	21 082	1 309	28 442
泗店乡	613	14 175	9 828	433	25 048
苏河镇	751	9 973	22 147	970	33 841
田铺乡	522	6 108	5 838	68	12 536
吴陈河镇	611	5 236	24 846	3 344	34 037
香山湖管理区	1 733	7 714	5 068	269	14 784
新集镇	3 252	16 347	17 040	1 672	38 311
周河乡	103	5 106	19 365	1 514	26 089
总计	12 910	160 236	256 381	21 471	450 999

水稻适宜性种植面积共有 160 236 亩，全县各乡（镇区）均有分布，其中，面积较大的有箭厂河乡、八里畈镇、新集镇、陈店乡、泗店乡、陡山河乡，面积分别为 17 529 亩、17 137 亩、16 347 亩、15 080 亩、14 175 亩、14 012 亩，分别占适宜面积的 10.94%、10.69%、9.41%、8.85%、8.74%。

水稻勉强适宜种植面积为 256 381 亩，勉强适宜种植面积在全县各乡镇均有分布，其中，面积较大的有千斤乡、陈店乡、吴陈河镇、苏河镇、沙窝镇、周河乡、八里畈乡、箭厂河乡、陡山河乡、新集镇，面积分别为 30 917 亩、26 112 亩、24 846 亩、22 147 亩、21 082 亩、19 365 亩、18 993 亩、17 775 亩、17 323 亩、17 040 亩，分别占勉强适宜面积的 12.06%、10.18%、9.69%、8.64%、8.22%、7.55%、7.41%、6.93%、6.76% 和 6.65%。

水稻不适宜种植面积为 21 471 亩，其中，面积较大的有陡山河乡、吴陈河镇、千斤乡、八里畈镇，面积分别为 5 502 亩、3 344 亩、3 211 亩、2 093 亩，四乡镇合计占不适宜面积的 65.9%。除陈店、郭家河两个乡没有分布，其余乡（镇区）都有分布（表 9-15）。

表 9-15 新县各乡镇水稻适宜性类型占本区域面积比例

乡镇（区）名称	高度适宜（%）	适宜（%）	勉强适宜（%）	不适宜（%）
八里畈镇	3.49	43.27	47.96	5.28
陈店乡	0.01	36.61	63.39	
陡山河乡		38.04	47.03	14.94
郭家河乡	1.44	59.48	39.08	
浒湾乡	12.76	35.29	47.36	4.59
箭厂河乡	3.48	47.58	48.24	0.70
卡房乡	0.71	51.91	47.15	0.23
千斤乡	0.33	10.88	80.43	8.35
沙窝镇	0.01	21.27	74.12	4.60
泗店乡	2.45	56.59	39.24	1.73
苏河镇	2.22	29.47	65.44	2.87
田铺乡	4.16	48.72	46.57	0.54
吴陈河镇	1.79	15.38	73.00	9.82
香山湖管理区	11.72	52.18	34.28	1.82
新集镇	8.49	42.67	44.48	4.36
周河乡	0.40	19.57	74.23	5.80
全县平均	2.86	35.53	56.85	4.76

2. 水稻各适宜性种植不同土种上的分布状况

黄沙泥田面积占全县耕地园地总面积的 24.23%，大部分为水稻适宜种植上，其次高度适宜，没有不适宜种植。适宜性种植面积为 96 404 亩，占黄沙泥田面积的 88.21%，占总耕地园地面积的 21.38%；高度适宜面积为 12 658 亩，占黄沙泥田面积的 11.58%，占总耕地园地面积的 2.81%。

厚层硅铝质黄棕壤面积占全县耕地园地总面积的 23.75%，大部分为水稻勉强适宜性种植，小面积的适宜种植；没有高度适宜、不适宜种植。勉强适宜种面积为 101 292 亩，占厚层硅铝质黄棕壤面积的 94.55%，占总耕地园地面积的 22.46%；适宜面积为 5 838 亩，占厚层硅铝质黄棕壤面积的 5.45%，占总耕地园地面积的 1.29%。

表潜青沙泥田面积占全县耕地园地总面积的 19.52%，全部为水稻勉强适宜和不适宜种植，没有高度适宜和适宜种植。勉强适宜、不适宜面积分别为 67 243 亩、20 795 亩，分别占表潜青沙泥田面积的 76.38%、23.62%，占总耕地园地面积的 14.91%、4.61%。

厚层沙泥质黄棕壤占全县耕地园地总面积的 16.08%，绝大部分为水稻勉强适宜和适宜种植，有极少面积为高度适宜种植，没有不适宜种植。勉强适宜面积为 40 134 亩，占厚层沙泥质黄棕壤面积的 55.35%，占总耕地园地面积的 8.9%；适宜面积为 32 331 亩，占厚层沙泥质黄棕壤面积的 44.59%，占总耕地园地面积的 7.17%。

从水稻各适宜性种植在全县不同土种上分布面积分析，高度适宜主要分布在黄沙泥田上，面积为 12 658 亩，占全县高度适宜性种植面积的 98.05%，占总耕地园地面积的 2.81%；适宜性种植主要分布在黄沙泥田、厚层沙泥质黄棕壤，面积分别为 96 404 亩、32 331 亩，两项合计占全县适宜性种植面积的 80.34%，占总耕地园地面积的 28.54%；勉强适宜性种植主要分布在厚层硅铝质黄棕壤、表潜青沙泥田、厚层沙泥质黄棕壤、中层沙泥质黄棕壤，面积分别为 101 292 亩、67 243 亩、40 134 亩、31 414 亩，四项合计占全县勉强适宜面积的 93.64%，占总耕地园地面积的 53.23%；不适宜性种植主要分布在表潜青沙泥田，面积分别为 20 795 亩，占全县不适宜面积的 96.85%，占总耕地园地面积的 4.61%（表 9 - 16，图 9 - 7）。

表 9 - 16　新县省土种水稻适宜性类型面积统计表　　　　（单位：亩）

省土类名	省土种名	高度适宜	适宜	勉强适宜	不适宜	总计
	黄沙土田		86			86
	潮粉土田		715	51		766
水稻土	黄沙泥田	12 658	96 404	224		109 285
	表潜青沙泥田			67 243	20 795	88 039
	底潜青沙泥田		6 387	10 799		17 186
	浅位青沙泥田			2 384	676	3 059
水稻土汇总		12 658	103 592	80 701	21 471	218 421

（续表）

省土类名	省土种名	高度适宜	适宜	勉强适宜	不适宜	总计
黄棕壤	中层硅铝质黄棕壤性土	203	12 919	783		13 905
	薄层硅铝质黄棕壤性土		4 291	1 930		6 221
	中层沙泥质黄棕壤		953	31 414		32 367
	厚层硅铝质黄棕壤		5 838	101 292		107 130
	厚层沙泥质黄棕壤	49	32 331	40 134		72 514
黄棕壤汇总		252	56 332	175 553		232 137
潮土	灰沙壤土			31		31
	底沙灰小两合土		312	97		409
潮土汇总			312	128		440
总计		12 910	160 236	256 381	21 471	450 999

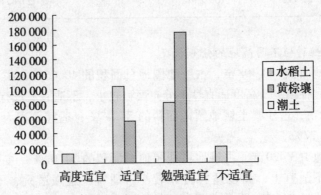

图 9 - 7　新县省土类水稻适宜性评价图

3. 水稻各适宜性种植不同地形部位的分布状况

冲垄中下部耕地园地面积 108 284 亩，占耕地园地总面积的 24.01%，主要分布在勉强适宜种植上，其次是不适宜，适宜种植面积分布较小，高度适宜上没有分布。勉强适宜种植面积 80 426 亩，占冲垄中下部耕地园地种植面积的 74.27%；其次不适宜面积为 2 1471 亩，占冲垄中下部耕地园地面积的 19.83%。

低山缓坡地耕地园地面积 171 392 亩，占耕地园地总面积的 38%，主要分布在勉强适宜种植上，其次适宜种植上，高度适宜、不适宜均没有分布。勉强适宜种植面积为 163 139 亩，占低山缓坡地耕地园地面积的 95.18%，适宜种植面积 8 253 亩，占低山缓坡地耕地园地面积的 4.82%。

岗坡地耕地园地面积 7 207 亩，占耕地园地总面积的 1.6%，主要分布在适宜、勉强适宜上，高度适宜和不适宜上没有分布。适宜、勉强适宜面积分别为 5 162 亩、2 045 亩，分别占岗坡地耕地园地面积的71.62%、28.38%。

河谷阶地耕地园地面积2 831亩，占耕地园地总面积的0.63%，主要分布在适宜种植上，高度适宜、勉强适宜分布极少，不适宜上没有分布。适宜面积为2 339亩，占河谷阶地耕地园地面积的82.62%。

丘陵低山中下部及坡麓平坦地耕地园地面积161 284亩，占耕地园地总面积的35.76%，主要分布在适宜种植上，其次高度适宜、勉强适宜上，不适宜没有分布。适宜面积为138 096亩，占丘陵低山中下部及坡麓平坦地耕地园地面积的85.62%（表9-17）。

表9-17 新县水稻适宜性类型地形部位分布 （单位：亩）

地形部位	高度适宜	适宜	勉强适宜	不适宜	总计
冲垄中下部		6 387	80 426	21 471	108 284
低山缓坡地		8 253	163 139		171 392
岗坡地		5 162	2 045		7 207
河谷阶地	161	2 339	331		2 831
丘陵低山中下部及坡麓平坦地	12 749	138 096	10 440		161 285
总计	12 910	160 236	256 381	21 471	450 999

4. 水稻各适宜性种植不同质地的分布状况

沙壤土耕地园地面积183 398亩，占耕地园地总面积的40.66%，主要分布在勉强适宜种植上，其次是适宜种植上，高度适宜性上分布面积较小，不适宜上没有分布。其中，勉强适宜面积为154 882亩，占沙壤土耕地园地面积的84.45%；适宜面积为25 259亩，仅占沙壤土耕地面积的13.77%。

轻壤土耕地园地153 420亩，占耕地耕地园地总面积的34.02%，主要分布在适宜、勉强适宜上，其次是不适宜上，高度适宜分布较小。适宜、勉强适宜、不适宜面积分别为63 749亩、68 075亩、16 946亩，分别占轻壤土耕地园地面积44.37%、41.55%、11.05%。

中壤土耕地园地面积89 983亩，占耕地耕地园地总面积的19.95%，主要分布在适宜、勉强适宜，不适宜上，高度适宜分布面积较小。其中，适宜、勉强适宜面积分别为45 023亩、37 710亩，分别占中壤土耕地园地面积50.03%、41.91%；不适宜、高度适宜面积分别4 525亩、2 726亩，分别占中壤土耕地园地面积5.03%和3.03%。

重壤土耕地园地面积24 196亩，占耕地耕地园地总面积的5.37%，主要分布在适宜上，其次是高度适宜，勉强适宜分布极少，不适宜上没有分布。其中，适宜面积为21 879亩，占重壤土耕地园地面积90.42%；高度适宜面积为2 276亩，占重壤土耕地园地面积9.41%（表9-18）。

表9-18　新县水稻适宜性类型质地分布　　　（单位：亩）

质地	高度适宜	适宜	勉强适宜	不适宜	总计
轻壤土	4 650	68 075	63 749	16 946	153 421
沙壤土	3 258	25 259	154 882		183 399
中壤土	2 726	45 023	37 710	4 525	89 984
重壤土	2 276	21 879	40		24 196
总计	12 910	160 236	256 381	21 471	450 999

5. 水稻各适宜性种植不同水型的分布状况

潜育型耕地园地面积108 284亩，占耕地园地总面积的24.01%，主要分布在勉强适宜上，其次是不适宜上，适宜分布较小。勉强适宜、不适宜面积分别为80 426亩、21 471亩，分别占潜育型耕地园地面积74.27%和19.83%。

淹育型耕地园地面积852亩，占耕地园地总面积的0.19%，主要分布在适宜种植上，勉强适宜分布面积较小，高度适宜、不适宜上没有分布。适宜面积为801亩，占淹育型耕地园地面积94.01%。

潴育型耕地园地面积109 285亩，占耕地园地总面积的24.23%，主要分布在适宜上，其次是高度适宜，勉强适宜分布极少，不适宜上没有分布。适宜面积为96 404亩，占潴育型耕地园地面积88.21%；高度适宜面积为12 658亩，占潴育型耕地园地面积11.58%。

黄棕壤和潮土耕地园地面积232 577亩，占耕地园地总面积的51.57%，主要分布在勉强适宜上，其次是适宜，高度适宜分布极少，不适宜上没有分布。勉强适宜面积为175 680亩，占黄棕壤和潮土耕地园地面积75.54%；适宜面积为56 644亩，占黄棕壤和潮土耕地园地面积24.35%（表9-19）。

表9-19　新县水稻适宜性类型水型分布　　　（单位：亩）

水型	高度适宜	适宜	勉强适宜	不适宜	总计
无	253	56 644	175 680		232 577
潜育型		6 387	80 426	21 471	108 284
淹育型		801	51		852
潴育型	12 658	96 404	224		109 285
总计	12 910	160 236	256 381	21 471	450 999

6. 水稻各适宜种植区不同障碍层类型的分布

潜育层耕地园地面积108 284亩，占耕地园地面积24.01%，主要分布在勉强适宜上，其次是不适宜上，适宜上分布面积较小，高度适宜上没有分布。勉强适宜面积为80 426亩，占潜育层的耕地面积的74.72%。

沙漏层耕地园地面积409亩，占耕地园地面积0.09%，主要分布在适宜上，勉强适宜有较小分布，高度适宜、不适宜上没有分布。适宜面积为312亩，占沙漏层的耕地园地面积的76.28%。

无明显障碍耕地园地面积 342 306 亩，占耕地园地面积 75.9%，主要分布在勉强适宜、适宜上，其次高度适宜上，不适宜上没有分布。勉强适宜、适宜面积分别为 175 858 亩、153 537 亩，分别占无明显障碍的耕地园地面积的 51.37% 和 44.85% 表 9-20。

表 9-20　新县水稻适宜性类型障碍层类型统计 （单位：亩）

障碍层类型	高度适宜	适宜	勉强适宜	不适宜	总计
潜育层		6 387	80 426	21 471	108 284
沙漏层		312	97		409
无明显障碍	12 910	153 537	175 858		342 306
总计	12 910	160 236	256 381	21 471	450 999

7. 水稻各适宜种植区平均灌溉保证率的分布

从表 9-21 中可以看出，水稻适宜种植区灌溉保证率最高，其次是高度适宜、勉强适宜种植区，不适宜种植区灌溉保证率最低（表 9-21，图 9-8）。

表 9-21　新县水稻适宜性平均灌溉保证率统计

水稻适宜性	高度适宜	适宜	勉强适宜	不适宜
平均灌溉保证率（%）	64.46	69.34	63.03	21.88

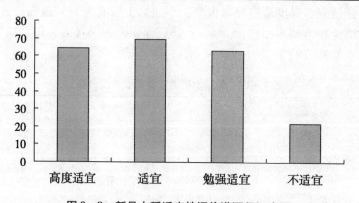

图 9-8　新县水稻适宜性评价灌溉保证率图

8. 各适宜种植区不同耕层养分的分布

对水稻适宜性评价单元养分统计分析，结果见表 9-22。从表中可以看出，水稻高度适宜种植区有机质、大量元素平均养分为最高，其次是适宜、勉强适宜种植区，不适宜种植区平均养分为最低。

高度适宜种植耕层养分平均值有机质 25.8g/kg、全氮 1.29g/kg、有效磷 12.56mg/kg、速效钾 75.96 mg/kg、有效铁 22.12mg/kg、有效锰 7.67mg/kg、有效铜 0.51 mg/kg、有效锌 0.31 mg/kg、水溶态硼 0.07mg/kg、有效硫 18.53mg/kg。

适宜种植耕层养分平均值有机质 25.08g/kg、全氮 1.28 g/kg、有效磷 9.17mg/kg、速效钾 66.29mg/kg、有效铁 31.65mg/kg、有效锰 11.34mg/kg、有效铜 0.64mg/kg、有效锌 0.29

mg/kg、水溶态硼 0.06mg/kg、有效硫 20.96mg/kg。

　　勉强适宜种植耕层养分平均值有机质 25.11g/kg、全氮 1.27g/kg、有效磷 8.69mg/kg、速效钾 64.8 mg/kg、有效铁 28.64mg/kg、有效锰 9.34mg/kg、有效铜 0.58 mg/kg、有效锌 0.26mg/kg、水溶态硼 0.05 mg/kg、有效硫 17.07mg/kg。

　　不适宜种植耕层养分平均值有机质 23.96 g/kg、全氮 1.26 g/kg、有效磷 8.02mg/kg、速效钾 62.31 mg/kg、有效铁 23.38mg/kg、有效锰 10.86mg/kg、有效铜 0.58mg/kg、有效锌 0.26 mg/kg、水溶态硼 0.05 mg/kg、有效硫 18.76mg/kg。

表 9 – 22　新县水稻适宜性类型耕层养分分布

养分含量	高度适宜	适宜	勉强适宜	不适宜	全县平均
有机质（g/kg）	25.8	25.08	25.11	23.96	25.00
全氮（g/kg）	1.29	1.28	1.27	1.26	1.22
有效磷（mg/kg）	12.56	9.17	8.69	8.02	8.5
速效钾（mg/kg）	75.96	66.29	64.8	62.31	65.5
有效铁（mg/kg）	22.12	31.65	28.64	23.38	
有效锰（mg/kg）	7.67	11.34	9.34	10.86	
有效铜（mg/kg）	0.51	0.64	0.58	0.58	
有效锌（mg/kg）	0.31	0.29	0.26	0.26	
水溶态硼（mg/kg）	0.07	0.06	0.05	0.05	
有效硫（mg/kg）	18.53	20.96	17.07	18.76	

（三）水稻各适宜种植区主要属性分析

1. 水稻高度适宜种植区主要属性分析

　　根据表 9 – 16 至表 9 – 22 分析，水稻高度适宜种植区主要分布在黄沙泥田土种上，其他土种分布面积较小或没有分布；地形部位绝大部分分布在丘陵低山中下部及坡麓平坦地，河谷阶地分布极少；轻壤土、沙壤土、中壤土、重壤土均有分布；主要分布在潴育型水稻土上；无明显障碍层；灌溉保证率平均为 64.46%；有机质、全氮、有效磷、速效钾均高于全县平均水平。

2. 水稻适宜种植区主要属性分析

　　根据表 9 – 16 至表 9 – 22 分析，水稻适宜种植主要分布在黄沙泥田、厚层沙泥质黄棕壤、中层硅铝质黄棕壤性土等土种上，其他土种也有小面积分布或没有分布；主要分布在丘陵低山中下部及坡麓平坦地，其次是低山缓坡地，河谷阶地分布面积最小；质地大多为轻壤土和中壤土，其次是沙壤土和重壤土；主要分布在潴育型水稻土上，主要分布在无明显障碍层；灌溉保证率平均为 69.34%；全氮高于全县平均水平，有效磷、有机质略高于全县平均水平，速效钾略低于全县平均水平。

3. 水稻勉强适宜种植区主要属性分析

　　根据表 9 – 16 至表 9 – 22 分析，水稻勉强适宜种植区主要分布在厚层硅铝质黄棕壤、青潜青沙泥田、厚层沙泥质黄棕壤、中层沙泥质黄棕壤、底潜青沙泥田等土种上，其他土种有小面积或没有分布；地形部位主要分布在低山缓坡地、冲垄中下部、丘陵低山中下部及坡麓平坦地，岗坡地、河谷阶地也有小面积分布；质地大多为沙壤土，亦有部分中壤土和轻壤土，重壤土极少；主要分布在潜育型水稻土上，主要分布在无明显障碍层，潜育层亦有分布；灌溉保证率平均为 63.03%；有机质、全氮、有效磷、速效钾均高于全县平均水平。

4. 水稻不适宜种植区主要属性分析

根据表 9-16 至表 9-22 分析，水稻不适宜种植区全部主要分布在表潜青沙泥田土种上；地形部位全部分布在冲垄中下部；质地大多为轻壤土，亦有少数中壤土，沙壤土和重壤土上没有分布；水型全部分布在潜育型水稻土上；全部分布在潜育层；灌溉保证率平均为 21.88%；除全氮高于全县平均水平外，有机质、有效磷、速效钾均低于全县平均水平。

四、建议

水稻是新县主要的粮食作物，水稻生产直接关系着新县农业经济的命脉，也是农业生产效益比较高的作物，因此，充分利用有限的耕地资源，发展水稻适宜性耕种面积，推广良种良法，不断提高水稻的产量和品质意义重大。建议如下。

1. 加强农田水利设施建设，提高水稻灌溉保证率

全县部分水利设施需要改造和维护，加强库、塘、渠、堰、坝的修建和维护，加强农田灌溉排渠系统配套设施建设，以提高水稻适宜种植面积。

2. 实施土地平整和坡改梯工程，提高水稻适宜种植

水稻勉强适宜种植面积主要分布于低山缓坡地，进行土地整改，拓展水稻适宜种植区。

3. 采取深耕，打破障碍层次。

新县水稻土质地多为重壤土，部分田块障碍层有潜育层和沙漏层，尤其是潜育层的土壤上，很大一部分不适宜种植水稻，因此，扩大机耕面积，加深耕层深度，加强排水设施建设，降低地下水位等措施，减少不适宜种植面积。

4. 广泛开展中、低产田改造，科学用水施肥，实行种养结合，培肥地力

新县水稻勉强适宜面积占总耕地园地面积的 56.85%，所以，改造中低产田尤其重要，方法：一是测土配方施肥，实施秸秆还田，通过增施有机肥提高土壤肥力；二是针对不同的障碍层次和土壤质地采取不同的管理措施；三是广种绿肥，种养结合，改善土壤理化性状，培肥地力；四是对久水田要加强排水设施建设，如采用开挖腰沟、围沟等措施，降低地下水位，消除潜育层层次，改良土壤。

第十章 新县油菜适宜性研究专题报告

一、基本情况

油菜是新县的主要经济作物，是农村群众主要食用油源，群众历来有种植的习惯，种植遍及全县各乡镇（区），常年种植面积 10 万亩左右，亩产 80～200kg。地域位置上，产量表现为沥水条件较好的畈田高于岗坡地和低山缓坡地，土壤类型上水稻土（潴育型、淹育型）最高，其次为黄棕壤、潮土。依据本县土地资源和利用现状，依托测土配方施肥资金补贴项目，从对油菜生长影响较大的立地条件、剖面性状、耕层养分状况、障碍因素 4 个方面入手，从土壤种植条件上，开展油菜适宜性评价，为科学种植油菜提供参考依据。

二、建立油菜适宜性评价指标体系

综合《测土配方施肥技术规范》《耕地地力评价指南》和"县城耕地资源管理信息系统 4.0"的技术规定和要求，我们选取评价指标、确定各指标权重和确定各评价指标的隶属度 3 项内容归纳为建立油菜适宜性评价指标体系。

（一）选取评价指标

根据重要性、稳定性、差异性、易获取性、精简性、全局性、整体性与独立性的原则，结合新县的农业生产实际、农业生产自然条件和耕地土壤特征，组织了土壤、农学、栽培、农田水利、土地资源、土壤农化专家，对本县的油菜适宜性评价指标进行逐一筛选。从农业部测土配方施肥技术规范中列举的六大类 66 个指标中，选取了 9 项因素作为适宜性评价的因子，分别为地形部位、地表砾石度、质地、有效土层厚度、有机质、有效磷、速效钾、障碍层类型和障碍层位置。

指标选取的依据：

1. 地形部位

新县地形总趋势为中间高、南北低。境内群山耸立，层峦叠嶂，河溪纵横。根据地形的显著特点可分为山地、丘陵、冲积河谷和堆积凹谷 4 个类型。地形部位的不同土壤的光热资源有差异。

2. 地表砾石度

地表砾石度主要影响土壤结构、土壤耕性，土壤沙石含量高，保水、保肥性能差，土壤肥力缺少，对油菜产量影响较大，新县土壤地表砾石度差异性大。

3. 质地

质地主要影响土壤耕性、保肥供肥性、通透性和缓冲作用，对油菜产量影响亦较大。新县土壤立地条件复杂、土壤质地差异性大。

4. 有效土层厚度

由于各土种的有效土层厚度差异性较大，影响油菜根系的下扎，从而影响了养分的吸收利用，对产量影响较大。

5. 障碍层类型和障碍层位置

新县土壤主要障碍层类型有潜育层、沙漏层等，不同的障碍类型对油菜生长造成不同的负面影响，而障碍层出现位置决定着土壤供水供肥性能和气热的通透性，影响农作物根系生长，也是必选因子。

依据评价指标选取原则，上述六项均具备了重要性、稳定性、差异性、易获取性、精简性、全局性、整体性与独立性。同时，选取了有机质、有效磷、速效钾3个养分指标作为本次评价依据。

（二）确定各评价指标的权重

在选取的油菜适宜性评价指标中，各指标对耕地质量和产量高低的影响程度各不相同，因此，我们结合专家意见，采用层次分析法，合理确定各评价指标的权重。

1. 建立层次结构

油菜适宜性为目标层（G层），影响适宜性的立地条件、耕层养分状况及障碍因素为准则层（C层），再把影响准则层中各元素的项目作为指标层（A层）。其结构关系如图10-1所示。

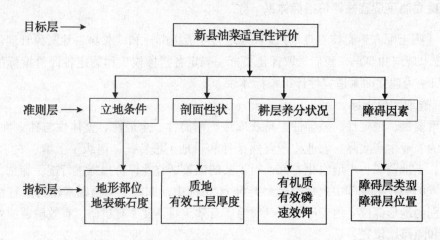

图10-1　新县油菜适应性评价层次结构模型图

2. 构造判断矩阵

专家们评估的初步结果经适宜的数学处理后（包括实际计算的最终结果一组合权重），反馈给各位专家，请专家重新修改或确认，确定C层对G层以及A层对C层的相对重要程度，共构成G、C₁、C₂、C₃、C₄ 5个判断矩阵（表10-1至表1-5）。

表10-1　目标层G判别矩阵

新县油菜　判断矩形一致性比例：0；对总目标的权重：1

新县油菜	障碍因素	剖面性状	立地条件	养分状况	Wi
障碍因素	1.0000	0.9583	0.9200	0.8214	0.2300

（续表）

新县油菜	障碍因素	剖面性状	立地条件	养分状况	Wi
剖面性状	1.0435	1.0000	0.9600	0.8571	0.2400
立地条件	1.0870	1.0417	1.0000	0.8929	0.2500
养分状况	1.2174	1.1667	1.1200	1.0000	0.2800

表 10 – 2　立地条件 C_1 判别矩阵

立地条件　判断矩形一致性比例为：0；对总目标的权重：0.2500

立地条件	地表砾石度	地形部位	Wi
地表砾石度	1.0000	0.8519	0.4600
地形部位	1.1739	1.0000	0.5400

表 10 – 3　剖面性状 C_2 判别矩阵

剖面性状　判断矩形一致性比例为：0；对总目标的权重：0.2400

剖面性状	有效土层厚	质地	Wi
有效土层厚	1.0000	0.9608	0.4900
质地	1.0408	1.0000	0.5100

表 10 – 4　养分状况 C_3 判别矩阵

养分状况　判断矩形一致性比例为：0；对总目标的权重：0.2800

养分状况	速效钾	有效磷	有机质	Wi
速效钾	1.0000	0.8235	0.7368	0.2800
有效磷	1.2143	1.0000	0.8947	0.3400
有机质	1.3571	1.1176	1.0000	0.3800

表 10 – 5　障碍因素 C_4 判别矩阵

障碍因素　判断矩形一致性比例为：0；对总目标的权重：0.2300

障碍因素	障碍层类型	障碍层位置	Wi
障碍层类型	1.0000	0.7241	0.4200
障碍层位置	1.3810	1.0000	0.5800

3. 层次单排序及一致性检验

从表 10 – 1 至表 10 – 5 可以看出，判断矩形一致性比例均为 0，具有很好的一致性。

4. 层次总排序及一致性检验

计算同一层次所有因素对于最高层相对重要性的排序权重，称为层次总排序。这一过程是最高层次到最低层次逐层进行的。经层次总排序，并进行一致性检验通过。最后计算得到各因子的评价指标权重，详见表 10 - 6，图 10 - 2。

表 10 - 6　层次分析指标权重结果表

层次 C	立地条件 0.25	剖面性状 0.24	耕层养分状况 0.28	障碍因素 0.23	组合权重
地形部位	0.54				0.135
地表砾石度	0.46				0.115
质地		0.51			0.1224
有效土层厚度		0.49			0.1176
有机质			0.38		0.1064
有效磷			0.34		0.0952
速效钾			0.28		0.0784
障碍层类型				0.42	0.0966
障碍层位置				0.58	0.1334

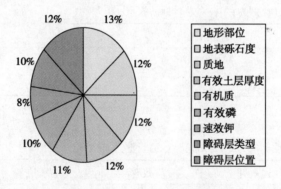

图 10 - 2　层次分析模型图

（三）确定各评价指标的隶属度

对地形部位、地表砾石度、质地、有效耕层厚度、障碍层类型、障碍层位置等概念型定性因子采用专家打分法，经过归纳、反馈、逐步收缩、集中，最后产生获得相适宜的隶属度。参评因素的隶属度，详见表 10 - 7 至表 10 - 12。

表 10 - 7　新县油菜适宜性评价地形部位隶属度值

	描述	隶属度
地形部位	低山缓坡地	0.41
	岗坡地	0.60
	河谷阶地	0.78
	冲垄中下部	0.85
	丘陵低山中下部及坡麓平坦地	1.0

表 10 - 8　新县油菜适宜性评价地表砾石度隶属值

地表砾石度	50%	0.38
	30%	0.72
	5%	1.0

表 10 - 9　新县油菜适宜性评价质地隶属度值

质地	沙壤土	0.35
	轻壤土	0.57
	中壤土	0.82
	重壤土	1.0

表 10 - 10　新县油菜适宜性评价有效土层厚度隶属值

有效土层厚度	30cm	0.37
	50cm	0.80
	100cm	1.0

表 10 - 11　新县油菜适宜性评价障碍类型隶属度值

障碍类型	潜育层	0.20
	沙漏层	0.58
	无明显障碍	1.0

表 10 - 12　新县油菜适宜性评价障碍位置隶属度值

障碍位置	沙漏层	20cm	0.38
		50cm	0.85
		100cm	1.0
	潜育层	20cm	0.18
		50cm	0.72
		100cm	1.0

　　而对有机质、有效磷、速效钾定量因子则采用 DELPHI 法根据一组分布均匀的实测值评值出对应的一组隶属度，然后在计算机中绘这两组数值的散点图，再根据散点图进行曲线模拟，寻求参评因素实际值与隶属度关系方程，从而建立起隶属函数。根据隶属函数计算各参评因素的单因素评价评语。以有效磷为例，模拟曲线，详见图 10 - 3。

　　其隶属函数为戒上型，形式为：

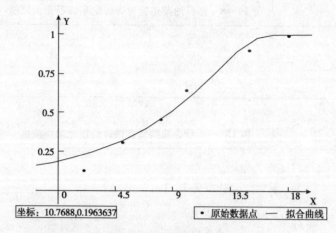

坐标：10.7688, 0.1963637   ● 原始数据点 —— 拟合曲线

图 10 - 3   有效磷与隶属度关系曲线图

$$Y = \begin{cases} 0, & u \leq u_t \\ y = 1/ (1 + a * (u-c)^2) & u_t < u < c \\ 1, & c \leq u \end{cases}$$

各参评因素类型及其隶属函数，详见表 10 - 13。

表 10 - 13   参评因素类型及其隶属函数表

函数类型	参评因素	隶属函数	a	c	u_t
戒上型	有机质（g/kg）	y = 1/ (1 + a * (u-c)^2)	0.008594	29.703806	10
戒上型	有效磷（mg/kg）	y = 1/ (1 + a * (u-c)^2)	0.015489	16.920056	2
戒上型	速效钾（mg/kg）	y = 1/ (1 + a * (u-c)^2)	0.000191	139.354639	30

（四）确定油菜适宜性等级

根据综合指数的变化规律，在耕地资源管理系统中，我们采用累积曲线分级法进行评价，根据曲线斜率的突变点（拐点）来确定等级的数目和划分综合指数的临界点，将油菜适宜性评价共划分四级，各等级综合指数，详见表 10 - 14，图 10 - 4。

表 10 - 14   新县油菜适宜性评价等级综合指数表

IFI	≤0.9050	0.8350 - 0.9050	0.7050 - 0.8350	≥0.7050
油菜适宜性等级	高度适宜	适宜	勉强适宜	不适宜

三、适宜性评价结果

（一）油菜各适宜性种植面积与比例

全县耕地园地 450 999 亩，其中，油菜高度适宜种植面积 12 561 亩，占 2.79%；油菜适宜种植面积 74 949 亩，占 16.62%；油菜勉强适宜种植面积 121 832 亩，占 27.01%；油菜不适宜种植面积 241 657 亩，占 53.58%（表 10 - 15，图 10 - 5、图 10 - 6）。

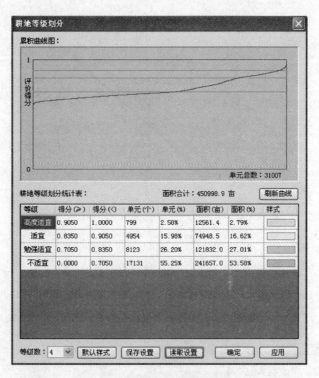

图 10 - 4 综合指数分布图

表 15 新县油菜适宜性评价结果面积统计表 （单位：亩）

适宜性	高度适宜	适宜	勉强适宜	不适宜	总计
面积	12 561	74 949	121 832	241 657	450 999
比例（%）	2.79	16.62	27.01	53.58	100

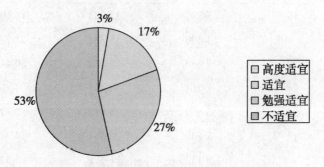

图 10 - 5 新县油菜各适宜性面积所占比例图

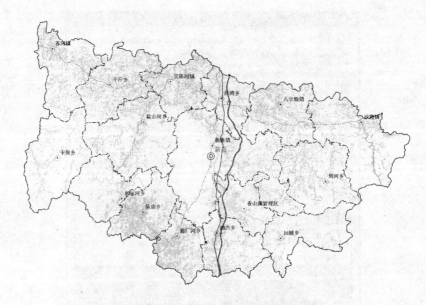

图10-6 新县油菜适宜性评价分布图

(二) 油菜各适宜性空间分布分析

1. 各适宜性种植行政区域分布

油菜高度适宜种植面积12 561亩,其中,面积较大有泗店乡、陡山河乡、田铺乡面积分别为3 442亩、3 220亩、2 167亩,三乡镇合计占高度适宜面积的70.29%;其次香山湖管理区面积为1 318亩,占高度适宜面积的8.92%;除陈店、卡房两个乡没有高度适宜分布外,其余乡镇均有小面积的分布(表10-16)。

表10-16 新县各乡镇油菜适宜性类型面积统计表 (单位:亩)

乡镇(区)名称	高度适宜	适宜	勉强适宜	不适宜	总计
八里畈镇	18	7 398	12 288	18 604	39 605
陈店乡		4 190	15 231	21 775	41 196
陡山河乡	3 220	9 635	3 868	20 114	36 837
郭家河乡	74	7 264	3 471	4 100	14 909
浒湾乡	285	3 859	5 055	8 216	17 414
箭厂河乡	17	1 849	20 503	14 474	36 843
卡房乡		6 172	1 171	5 328	12 670
千斤乡	13	2 141	4 258	32 027	38 439
沙窝镇	296	5 455	1 900	20 790	28 441
泗店乡	3 442	3 617	10 372	7 617	25 048
苏河镇	95	4 026	9 351	20 369	33 841
田铺乡	2 167	3 795	3 131	3 444	12 536

（续表）

乡镇（区）名称	高度适宜	适宜	勉强适宜	不适宜	总计
吴陈河镇	95	2 058	3 604	28 280	34 037
香山湖管理区	1 318	2 976	5 753	4 738	14 784
新集镇	88	9 577	12 940	15 706	38 311
周河乡	137	938	8 938	16 076	26 089
总计	12 561	74 949	121 832	241 657	450 999

油菜适宜性种植面积共有 74 949 亩，全县各乡（镇区）均有分布，其中，面积较大的有陡山河、新集镇、八里畈、郭家河、卡房、沙窝镇，面积分别为 9 635 亩、9 577 亩、7 398 亩、7 264 亩、6 172 亩、5 455 亩，分别占适宜面积的 12.9%、12.8%、9.87%、9.69%、8.24%、7.28%（表 10 – 17）。

油菜勉强适宜种植面积为 121 832 亩，勉强适宜种植面积在全县各乡镇均有分布，其中，面积较大的有箭厂河、陈店、新集、八里畈、泗店，面积分别为 20 503 亩、15 231 亩、12 940 亩、12 288 亩、10 372 亩，分别占勉强适宜面积的 16.83%、12.5%、10.62%、10.09% 和 8.51%。

油菜不适宜种植面积为 241 657 亩，全县各乡镇（区）均有分布，其中，面积较大的有千斤、吴陈河、陈店、沙窝、苏河、陡山河、八里畈、周河、新集、箭厂河，面积分别为 32 027 亩、28 280 亩、21 775 亩、20 790 亩、20 369 亩、20 114 亩、18 604 亩、16 076 亩、15 706 亩、14 474 亩，10 个镇合计占不适宜面积的 86.16%。

表 10 – 17　新县各乡镇油菜适宜性类型占本区域面积比例

乡镇（区）名称	高度适宜（%）	适宜（%）	勉强适宜（%）	不适宜（%）
八里畈镇	0.05	18.68	31.03	46.97
陈店乡	0	10.17	36.97	52.86
陡山河乡	8.74	26.16	10.5	54.6
郭家河乡	0.5	48.72	23.28	27.5
浒湾乡	1.64	22.16	29.03	47.18
箭厂河乡	0.05	5.02	55.65	39.29
卡房乡	0	48.71	9.242	42.05
千斤乡	0.03	5.57	11.08	83.32
沙窝镇	1.04	19.18	6.68	73.1
泗店乡	13.7	14.44	41.41	30.41
苏河镇	0.28	11.9	27.63	60.19
田铺乡	17.3	30.27	24.98	27.47
吴陈河镇	0.28	6.05	10.59	83.09

（续表）

乡镇（区）名称	高度适宜（%）	适宜（%）	勉强适宜（%）	不适宜（%）
香山湖管理区	8.92	20.13	38.91	32.05
新集镇	0.23	25	33.78	41
周河乡	0.53	3.595	34.26	61.62
全县平均	2.79	16.62	27.01	53.58

2. 各适宜性种植不同土种上的分布状况

黄沙泥田面积占全县耕地园地总面积的 24.23%，大部分为油菜适宜种植，其次勉强适宜和高度适宜，不适宜上没有分布。适宜性种植面积为 74 107 亩，占黄沙泥田面积的67.81%，占总耕地园地面积的 16.43%；勉强适宜、高度适宜面积分别为 22 617 亩、12 561亩，分别占黄沙泥田面积的 20.7%、11.49%，分别占总耕地园地面积的 5.02%、2.79%。

厚层硅铝质黄棕壤面积占全县耕地园地总面积的 23.75%，大部分为油菜不适宜种植，其次是勉强适宜，高度适宜、适宜上没有分布。其中，不适宜种面积为 92 141 亩，占厚层硅铝质黄棕壤面积的 86.01%，占总耕地园地面积的 20.43%；勉强适宜面积为 14 989 亩，占厚层硅铝质黄棕壤面积的 13.99%，占总耕地园地面积的 3.32%。

表潜青沙泥田面积占全县耕地园地总面积的 19.52%，大部分为油菜不适宜种植，其次是勉强适宜。其中，不适宜面积为 82 511 亩，占表潜青沙泥田面积的 93.72%，占总耕地园地面积的 18.30%。勉强适宜面积 5 528 亩，占表潜青沙泥田面积的 6.28%，占总耕地园地面积的 1.23%。

厚层沙泥质黄棕壤占全县耕地园地总面积的 16.08%，大部分为油菜勉强适宜种植，其次是不适宜，适宜性种植面积分布极小。其中，勉强适宜面积为 44 424 亩，占厚层沙泥质黄棕壤面积的 61.26%，占总耕地园地面积的 9.85%；不适宜面积为 28 041 亩，占厚层沙泥质黄棕壤面积的 38.67%，占总耕地园地面积的 6.22%。

从各适宜性种植在全县不同土种上分布面积分析，油菜高度适宜分布在黄沙泥田上，面积为 12 561 亩，占全县高度适宜性种植面积的 100%，占总耕地园地面积的 2.79%；油菜适宜性种植主要分布在黄沙泥田，面积为 74 107 亩，占全县适宜性种植面积的 98.88%，占总耕地园地面积的 16.43%；勉强适宜性种植主要分布在厚层沙泥质黄棕壤、黄沙泥田、底潜青沙泥田、厚层硅铝质黄棕壤、中层硅铝质黄棕壤性土，面积分别为 44 424 亩、22 617 亩、16 561 亩、14 989 亩、10 473 亩，5 个土种合计占全县勉强适宜面积的 89.52%，占总耕地园地面积的 24.18%；不适宜性种植主要分布在厚层硅铝质黄棕壤、表潜青沙泥田、中层沙泥质黄棕壤、厚层沙泥质黄棕壤，面积分别为 92 141 亩、82 511 亩、29 823 亩、28 041 亩，4 个土种合计占全县不适宜面积的 96.23%，占总耕地园地面积的 51.56%（表 10 – 18，图 10 – 7）。

表 10-18　新县省土种油菜适宜性类型面积统计表　　　　（单位：亩）

省土类名	省土种名	高度适宜	适宜	勉强适宜	不适宜	总计
水稻土	黄沙土田		2	84		86
	潮粉土田		27	740		767
	黄沙泥田	12 561	74 107	22 617		109 285
	表潜青沙泥田			5 528	82 511	88 039
	底潜青沙泥田		624	16 561		17 186
	浅位青沙泥田				3 060	3 060
水稻土汇总		12 561	74 760	45 530	85 570	218 422
黄棕壤	中层沙泥质黄棕壤			2 544	29 823	32 367
	中层硅铝质黄棕壤性土			10 473	3 432	13 905
	薄层硅铝质黄棕壤性土			3 571	2 649	6 221
	厚层硅铝质黄棕壤			14 989	92 141	107 130
	厚层沙泥质黄棕壤		49	44 424	28 041	72 514
黄棕壤汇总			49	76 001	156 087	232 137
潮土	灰沙壤土		0	31		31
	底沙灰小两合土		139	270		409
潮土汇总			139	301		440
总计		12 561	74 949	121 832	241 657	450 999

3. 各适宜种植区不同地形部位的分布

冲垄中下部耕地园地面积 108 284 亩，占耕地园地总面积的 24.01%，主要分布在不适宜种植上，其次是勉强适宜，适宜种植面积分布极小。不适宜种植面积 85 570 亩，占冲垄中下部耕地园地种植面积的 79.02%；其次勉强适宜面积为 22 089 亩，占冲垄中下部耕地园地面积的 20.4%。

低山缓坡地耕地园地面积 171 392 亩，占耕地园地总面积的 38%，主要分布在不适宜种植上，其次是勉强适宜，适宜种植面积分布极小。其中，不适宜种植面积为 149 185 亩，占低山缓坡地耕地园地面积的 87.04%，勉强适宜种植面积 22 205 亩，占低山缓坡地耕地园地面积的 12.96%。

岗坡地耕地园地面积 7 207 亩，占耕地园地总面积的 1.6%，主要分布在不适宜、勉强适宜上，高度适宜和适宜上没有分布。不适宜、勉强适宜面积分别为 3 636 亩、3 571 亩，分别占岗坡地耕地园地面积的 49.56%、50.44%。

河谷阶地耕地园地面积 2 831 亩，占耕地园地总面积的 0.63%，主要分布在勉强适宜和

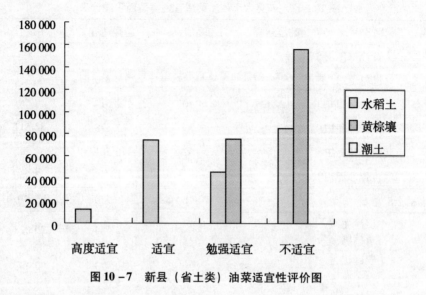

图 10 – 7　新县（省土类）油菜适宜性评价图

适宜上，高度适宜分布极少，不适宜上没有分布。勉强适宜、适宜面积分别为 1 447 亩、1 288 亩，分别占河谷阶地耕地园地面积的 51.11% 和 45.49%。

丘陵低山中下部及坡麓平坦地耕地园地面积 161 284 亩，占耕地园地总面积的 35.76%，主要分布在适宜、勉强适宜上，其次高度适宜，不适宜也有少量分布。适宜、勉强适宜面积分别为 73 035 亩、72 519 亩，两项合计占丘陵低山中下部及坡麓平坦地耕地园地面积的 90.25%（表 10 – 19）。

表 10 – 19　新县油菜适宜性类型地形部位分布　　　　　　　　　（单位：亩）

地形部位	高度适宜	适宜	勉强适宜	不适宜	总计
冲垄中下部		624	22 089	85 570	108 284
低山缓坡地		2	22 205	149 185	171 392
岗坡地			3 571	3 636	7 207
河谷阶地	95	1 288	1 447		2 831
丘陵低山中下部及坡麓平坦地	12 466	73 035	72 519	3 265	161 285
总计	12 561	74 949	121 832	241 657	450 999

4. 各适宜种植区不同地表砾石度的分布

地表砾石度含量 5% 耕地园地面积 218 862 亩，占耕地园地面积的 48.53%。主要分布在不适宜、适宜种植上，其次为勉强适宜、高度适宜。其中，不适宜、适宜面积分别为 85 570 亩、74 899 亩，分别占 39.1%、34.22%；高度适宜面积为 12 561 亩，仅占 5.74%。

地表砾石度含量 30% 耕地园地面积 147 251 亩，占耕地园地面积的 32.65%。主要分布在不适宜、勉强适宜种植上，适宜、高度适宜上没有分布。其中，不适宜、勉强适宜面积分别为 121 848 亩、25 403 亩，分别占 82.75%、17.25%。

地表砾石度含量50%耕地园地面积84 887/亩，占耕地园地面积的18.82%。主要分布在勉强适宜、不适宜种植上，适宜分布极少，高度适宜上没有分布。其中，勉强适宜、不适宜面积分别为50 598亩、34 239亩，分别占59.61%、40.33%（表10-20）。

表10-20　新县油菜适宜性类型地表砾石度分布　　　　　（单位：亩）

地表砾石度	高度适宜	适宜	勉强适宜	不适宜	总计
5%	12 561	74 899	45 831	85 570	218 862
30%			25 403	121 848	147 251
50%		49	50 598	34 239	84 887
总计	12 561	74 949	121 832	241 657	450 999

5. 油菜各适宜种植区不同质地的分布

沙壤土耕地园地面积183 398亩，占耕地园地总面积的40.66%，主要分布在不适宜种植上，其次是勉强适宜，适宜上分布面积较小，高度适宜上没有分布。其中，不适宜面积为144 950亩，占沙壤土耕地园地面积的79.04%；适宜面积为5 466亩，仅占沙壤土耕地面积的2.98%。

轻壤土耕地园地153 420亩，占耕地园地总面积的34.02%，主要分布在不适宜、勉强适宜上，其次是适宜上，高度适宜分布极少。不适宜、勉强适宜、适宜面积分别为64 321亩、55 435亩、33 470亩，分别占轻壤土耕地园地面积的41.92%、36.13%、21.82%。

中壤土耕地园地面积89 983亩，占耕地园地总面积的19.95%，主要分布在勉强适宜、不适宜上，其次是适宜上，高度适宜分布面积较小。其中，勉强适宜、不适宜面积分别为33 373亩、32 387亩，分别占中壤土耕地园地面积37.09%、35.99%；适宜、高度适宜面积分别21 473亩、2 751亩，分别占中壤土耕地园地面积23.86%和3.06%。

重壤土耕地园地面积24 196亩，占耕地园地总面积的5.365%，主要分布在适宜上，其次是高度适宜，勉强适宜分布极少，不适宜上没有分布。其中，适宜面积为14 539亩，占重壤土耕地园地面积60.09%；高度适宜面积为9 616亩，占重壤土耕地园地面积39.74%（表10-21）。

表10-21　新县油菜适宜性类型质地分布　　　　　（单位：亩）

质地	高度适宜	适宜	勉强适宜	不适宜	总计
轻壤土	195	33 470	55 435	64 321	153 421
沙壤土		5 466	32 983	144 950	183 399
中壤土	2 751	21 473	33 373	32 387	89 984
重壤土	9 616	14 539	41		24 196
总计	12 561	74 949	121 832	241 657	450 999

6. 油菜各适宜种植区不同有效土层厚度的分布

有效土层厚度0~30cm耕地园地面积41 509亩，占耕地园地总面积的9.20%，主要分布在不适宜种植上，其次是勉强适宜，适宜、高度适宜上没有分布。其中，不适宜面积为27 899亩，占该类型耕地园地面积的67.21%；勉强适宜面积为13 610亩，占该类型耕地园地面积的32.79%。

有效土层厚度30～50cm耕地园地190 628亩，占耕地耕地园地总面积的42.27%，主要分布在不适宜上，其次是勉强适宜，高度适宜没有分布。不适宜、勉强适宜面积分别为128 188亩、62 391亩，分别占该类型耕地园地面积67.25%、32.73%。

有效土层厚度50～100cm耕地园地面积218 862亩，占耕地耕地园地总面积的48.53%，主要分布在不适宜、适宜，其次勉强适宜、高度适宜。不适宜、适宜面积分别为85 570亩、74 899亩，分别占该类型耕地园地面积39.09%、34.22%；勉强适宜、高度适宜面积分别45 831亩、12 561亩，分别占该类型耕地园地面积20.94%和5.74%（表10－22）。

表10－22　新县油菜适宜性类型有效土层厚度分布　（单位：亩）

有效土层厚度	高度适宜	适宜	勉强适宜	不适宜	总计
30cm			13 610	27 899	41 509
50cm		49	62 391	128 188	190 628
100cm	12 561	74 899	45 831	85 570	218 862
总计	12 561	74 948	121 832	241 657	450 999

7. 油菜各适宜种植区不同障碍层类型的分布

潜育层耕地园地面积108 284亩，占耕地园地面积24.01%，主要分布在不适宜和勉强适宜上，面积分别为85 570亩、22 089亩，分别占潜育层的耕地面积的79.02%和20.4%。

沙漏层耕地园地面积409亩，占耕地园地面积0.09%，主要分布在勉强适宜、适宜上，高度适宜、不适宜上没有分布。勉强适宜面积为270亩，占沙漏层的耕地园地面积的66.01%。

无明显障碍耕地园地面积342 306亩，占耕地园地面积75.9%，主要分布在不适宜上，其次为勉强适宜、适宜，高度适宜面积分布较小。其中，不适宜面积为156 087亩，占无明显障碍的耕地园地面积的45.6%；勉强适宜、适宜、高度适宜面积分别为99 473亩、74 185亩、12 561亩，分别占无明显障碍的耕地园地面积的29.06%、21.67%和3.67%（表10－23）。

表10－23　新县油菜适宜性类型障碍层类型分布　（单位：亩）

障碍层类型	高度适宜	适宜	勉强适宜	不适宜	总计
潜育层		624	22 089	85 570	108 284
沙漏层		139	270		409
无明显障碍	12 561	74 185	99 473	156 087	342 306
总计	12 561	74 949	121 832	241 657	450 999

8. 油菜各适宜种植区不同耕层养分的分布

对油菜适宜性评价单元养分统计分析，结果见表 10-24。从表 10-24 中可以看出，油菜高度适宜种植区平均养分为最高，适宜和勉强适宜的平均养分基本持平，不适宜种植区平均养分为最低。

高度适宜耕层养分平均值有机质 26.40 g/kg、全氮 1.33 g/kg、有效磷 12.53mg/kg、速效钾 71.29 mg/kg、有效铁 25.65mg/kg、有效锰 7.52mg/kg、有效铜 0.58 mg/kg、有效锌 0.36 mg/kg、水溶态硼 0.05 mg/kg、有效硫 23.66mg/kg。

适宜耕层养分平均值有机质 25.08g/kg、全氮 1.28 g/kg、有效磷 8.95mg/kg、速效钾 65.57 mg/kg、有效铁 24.49mg/kg、有效锰 8.31mg/kg、有效铜 0.52 mg/kg、有效锌 0.24 mg/kg、水溶态硼 0.06mg/kg、有效硫 17.31mg/kg。

勉强适宜耕层养分平均值有机质 25.33g/kg、全氮 1.28 g/kg、有效磷 9.86mg/kg、速效钾 67.27 mg/kg、有效铁 32.34mg/kg、有效锰 11.31mg/kg、有效铜 0.65 mg/kg、有效锌 0.29 mg/kg、水溶态硼 0.07 mg/kg、有效硫 19.61mg/kg。

不适宜耕层养分平均值有机质 25.08 g/kg、全氮 1.29 g/kg、有效磷 8.94mg/kg、速效钾 65.55 mg/kg、有效铁 16.88mg/kg、有效锰 4.22mg/kg、有效铜 0.29 mg/kg、有效锌 0.21 mg/kg、水溶态硼 0.04 mg/kg、有效硫 18.11mg/kg。

表 10-24　新县油菜适宜性类型耕层养分分布

养分含量	高度适宜	适宜	勉强适宜	不适宜	全县平均
有机质（g/kg）	26.40	25.08	25.33	25.08	25.00
全氮（g/kg）	1.33	1.28	1.28	1.29	1.22
有效磷（mg/kg）	12.53	8.95	9.86	8.94	8.5
速效钾（mg/kg）	71.29	65.57	67.27	65.55	65.5
有效铁（mg/kg）	25.65	24.49	32.34	16.88	
有效锰（mg/kg）	7.52	8.31	11.31	4.22	
有效铜（mg/kg）	0.58	0.52	0.65	0.29	
有效锌（mg/kg）	0.36	0.24	0.29	0.21	
水溶态硼（mg/kg）	0.05	0.06	0.07	0.04	
有效硫（mg/kg）	23.66	17.31	19.61	18.11	

（三）油菜各适宜种植区主要属性分析

1. 油菜高度适宜种植区主要属性分析

根据表 10-18 至表 10-24 分析，油菜高度适宜种植区全部分布在黄沙泥田上种上，其他土种没有分布；地形部位绝大部分分布在丘陵低山中下部及坡麓平坦地，河谷阶地分布极少；地表砾石度主要分布在砾石含量≤5% 上；质地大多为轻壤土、中壤土、重壤土，亦有少数沙壤土；有效土层厚度全部在 50~100cm；无明显障碍层；有机质、全氮、有效磷、速效钾均高于全县平均水平。

2. 油菜适宜种植区主要属性分析

根据表 10-18 至表 10-24 分析，油菜适宜种植主要分布在黄沙泥田土种上，其他土种有小面积分布或没有分布；地形部位主要分布在丘陵低山中下部及坡麓平坦地，河谷阶地分布极少；地表砾石度全部分布在砾石含量≤5%上；质地大多为重壤土，亦有少数中壤土；有效土层厚度绝大部分在50~100cm；主要分布在无明显障碍层；全氮均高于全县平均水平，有效磷略高于全县平均水平，有机质、速效钾与全县平均水平基本持平。

3. 油菜勉强适宜种植区主要属性分析

根据表10-18至表10-24分析，油菜勉强适宜种植区主要分布在厚层沙泥质黄棕壤、黄沙泥田、底潜青沙泥田、厚层铝硅质黄棕壤、中层硅铝质黄棕壤性土等土种上，其他土种有小面积或没有分布；地形部位主要分布在丘陵低山中下部及坡麓平坦地、低山缓坡地、冲垄中下部，岗坡地、河谷阶地也有小面积分布；地表砾石度各含量上均有分布，依次是砾石含量30%~50%、≤5%、5%~30%；质地大多为轻壤土，亦有部分中壤土和沙壤土；有效土层厚度大部分在30~100cm；主要分布在无明显障碍层，亦有部分潜育层；有机质、全氮、有效磷、速效钾均高于全县平均水平。

4. 油菜不适宜种植区主要属性分析

根据表10-18至表10-24分析，油菜不适宜种植区主要分布在厚层铝硅质黄棕壤、表潜青沙泥田、中层沙泥质黄棕壤、厚层沙泥质黄棕壤等土种上，其他土种有小面积或没有分布；地形部位主要分布在低山缓坡地、冲垄中下部，除河谷阶地没有分布，其他也有小面积分布；地表砾石度各含量上均有分布，依次是砾石含量5%~30%、≤5%、30%~50%；质地大多为沙壤土，亦有少数轻壤土和中壤土；有效土层厚度主要分在50~100cm；主要分布在无明显障碍层，亦有小部分潜育层；全氮、有效磷均高于全县平均水平，有机质略低于全县平均水平，速效钾与全县持平。

四、建议

综上所述，新县油菜勉强适宜和不适宜种植面积大，主要原因是耕层浅，地表砾石含量高，有潜育层土壤面积大。为此，在对全县油菜适宜性评价的基础上，坚持合理配置有限的耕地资源的原则，通过有效技术措施，克服不利因素的影响，稳定、扩大油菜高度适宜、适宜性耕地面积，提高油菜生产能力。

（一）尽量扩大油菜高度适宜和适宜性种植面积

新县土壤大部分是水稻土，潜育型水稻土一般不适宜种植油菜，而淹育型水稻土，虽适宜种，但产量低。淹育型水稻土，沙漏层出现的部位较多，表现漏水漏肥，栽培上耗水多，旱作不耐旱，肥效猛而短，发小苗，不发老苗；潜育型水稻土，一年一季，复种指数低，因为轮茬旱作时，整地困难，而春上我县雨水较多，容易发生渍害，对该类型田一是要加大有机肥投入的量，施肥采取少而多次施肥法；二是要实行窄厢深沟，减轻油菜渍害。油菜另外一部分低产田处在岗坡地、低山缓坡地的黄棕壤土上，这类型的耕地沙质多、地表砾石含量高、贫瘠、耕层较浅，整改措施是重施有机肥，加深耕作深度，提高种植适宜性。

（二）在油菜勉强适宜和不适宜区，可结合区域特点进行产业结构调整

对于油菜勉强适宜或不适宜区可以退耕还林、还牧、种茶叶、种中草药等。对于潮土增施有机肥、土杂粪，有条件的掺黏土，提高土壤的黏粒含量；对于地下水位浅、渍害重、有障碍层次的油菜，勉强适宜和不适宜的水稻土可种绿肥。

第十一章 附 件

附件一

新县测土配方施肥耕地地力评价工作领导小组

组　长：李明海（县人民政府副县长）
副组长：聂应斌（县政府办副主任）
　　　　张锡文（县政府办副主任、农业局局长）
　　　　龚炳熹（县财政局局长）
成　员：余天地（县水利局局长）
　　　　许　勇（县交通局局长）
　　　　于卫新（县民政局局长）
　　　　扶廷胜（县国土资源局局长）
　　　　芦孝发（县气象局局长）
　　　　石和安（县统计局局长）
　　　　赵　平（县财政局副局长）
　　　　周德根（县农业局总农艺师）

领导小组下设办公室，办公室设在农业局，周德根同志任办公室主任，程明慧同志任办公室副主任。

附件二

新县测土配方施肥耕地地力评价技术领导小组

组　长：周德根（县农业局总农艺师）

副组长：程明慧（县农业技术推广中心主任、高级农艺师）

　　　　杨桂梅（县农业技术推广中心副主任、高级农艺师）

成　员：吴意新（县农业技术推广中心副主任、农艺师）

　　　　李国政（县农业技术推广中心副主任、农艺师）

　　　　吴　良（高级农艺师）

　　　　雷运荣（农艺师）

　　　　郭淑媛（农艺师）

　　　　张冬梅（农艺师）

　　　　夏　飞（农艺师）

　　　　李承亮（农艺师）

　　　　张海军（助理农艺师）

　　　　黄　军（助理农艺师）

　　　　马海霞（助理农艺师）

　　　　刘金珠（助理农艺师）

　　　　张太传（助理农艺师）

技术领导小组下设办公室，办公室设在农业技术推广中心，程明慧任办公室主任。

附件三

新县耕地地力评价工作顾问与审稿

1. 审稿：张锡文　周德根　程明慧　杨桂梅
2. 技术顾问（指导）：

    河南农业大学资源与环境学院建立县域耕地资源管理信
    息系统课题组

    程道全　河南省土肥站、推广研究员
    易玉林　河南省土肥站、高级农艺师
    阎军营　河南省土肥站、农艺师
    余殿友　信阳市土肥站、高级农艺师

3. 工作顾问：

    周德根　新县农业局、总农艺师
    洪克泉　新县种子技术服务站、站长
    胡方宝　新县植保站、站长、高级农艺师
    王　伟　新县种子站、站长、高级农艺师
    朱嗣和　新县农经站、站长、高级农艺师

附件四

新县耕地地力评价工作人员

1. 主编：张海军
2. 制图制表人员：张海军　杨桂梅　刘金珠　邵家勇
3. 化验人员：郭予新　杨桂梅　黄　军　张冬梅　夏　飞　马海霞　雷运荣
　　　　　　蔡胜翔　柯　文　马　文　吴　良　张太传　扶　森
4. 田间试验人员：张海军　杨桂梅　李国政　吴意新　雷运荣　郭淑媛　李承亮
　　　　　　　　夏　飞　谢　敏　柯　文　张福军　林帮明

附件五

新县耕地地力评价参考资料

（一）《新县土壤》

（二）《河南省新县国家级生态示范区建设规划》（河南省新县人民政府编制．2000 年 12 月）

（三）《新县农业志》（新县志总编辑室、新县农牧局编辑室．1986 年 9 月）

（四）《新县综合农业区划》（新县农业区划办公室编制．1985 年 1 月）

（五）《新县种植业区划报告》（新县农业区划种植业区划专业组编制．1983 年 7 月）

（六）《河南土种志》（河南省土壤肥料工作站、河南省土壤普查办公室编著．1993 年 4 月）

（七）《土壤肥料》（河南省农业厅编著．1982 年 6 月）

（八）《耕地地力评价指南》（全国农业技术推广服务中心编著．2006 年 11 月）

（九）新县农机局 2011 年统计报表

（十）《新县统计年鉴》（新县统计局提供）

（十一）新县气象资料（新县气象局提供）

（十二）水利资料（新县水利局提供）

（十三）《新县测土配方施肥项目技术总结》（新县农技中心．2010 年）

（十四）相关图件：

1. 新县土壤图（比例 1∶5 万）（1 986 年月 10 月，信阳市土壤普查办公室、新县土壤普查办公室编制，由新县农业技术推广中心提供）

2. 新县土地利用现状图（比例尺 1∶5 万）（新县国土资源局提供）

3. 新县地形图（新县武装部提供）

4. 新县行政区划图（新县民政局提供）

附件六

新县耕地地力评价成果图件

附图 1   新县土壤（省土种）图
附图 2   新县耕地土壤县级地力等级分布图
附图 3   新县耕地土壤水稻适宜性评价图
附图 4   新县耕地土壤油菜适宜性评价图
附图 5   新县耕地中低产田分布图
附图 6   新县耕地中低产田改良类型分布图
附图 7   新县耕层土壤地形部位类型分布图
附图 8   新县耕层土壤质地类型分布图
附图 9   新县耕层土壤地表砾石度类型分布图
附图 10   新县耕层土壤水型类型分布图
附图 11   新县耕层土壤灌溉保证率类型分布图
附图 12   新县耕层土壤有效土层厚度类型分布图
附图 13   新县耕层土壤障碍层类型分布图
附图 14   新县耕层土壤障碍层位置类型分布图
附图 15   新县耕层土壤有机质含量分布图
附图 16   新县耕层土壤全氮含量分布图
附图 17   新县耕层土壤有效磷含量分布图
附图 18   新县耕层土壤速效钾含量分布图
附图 19   新县耕层土壤缓效钾含量分布图
附图 20   新县耕层土壤有效硫含量分布图
附图 21   新县耕层土壤有效铁含量分布图
附图 22   新县耕层土壤有效铜含量分布图
附图 23   新县耕层土壤有效锰含量分布图
附图 24   新县耕层土壤水溶态硼含量分布图
附图 25   新县耕层土壤有效锌含量分布图
附图 26   新县耕层土壤 pH 值含量分布图

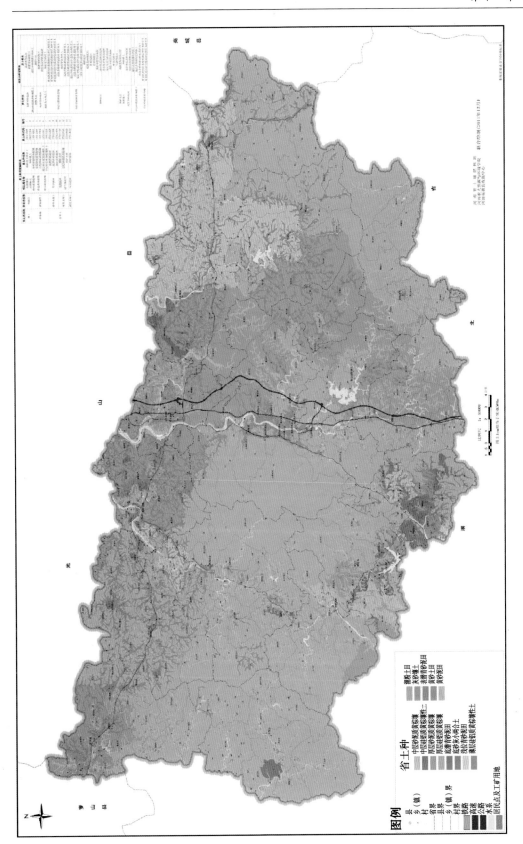

附图 1 新县土壤（省土种）图

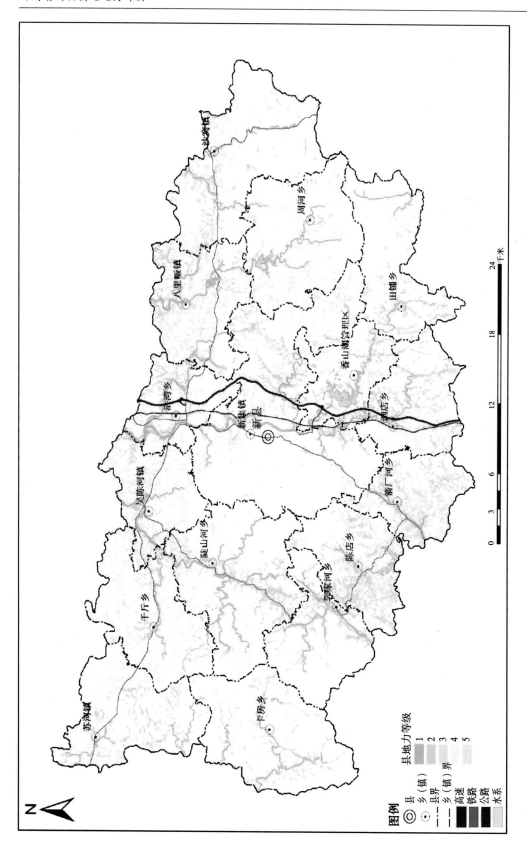

附图2 新县耕地土壤县级地力等级分布图

图例

县地力等级
县地力等级
1
2
3
4
5

县 乡（镇）
乡（镇）
县界
乡（镇）界
高速
铁路
公路
水系

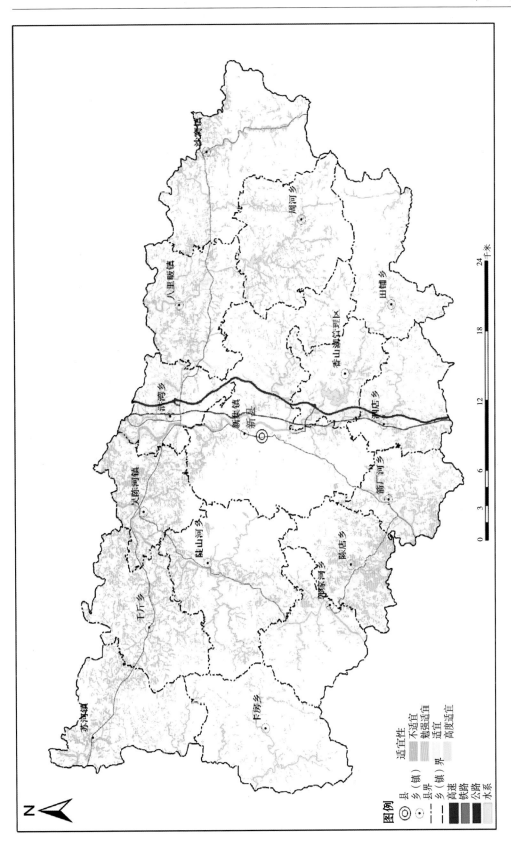

附图3 新县耕地土壤水稻适宜性评价图

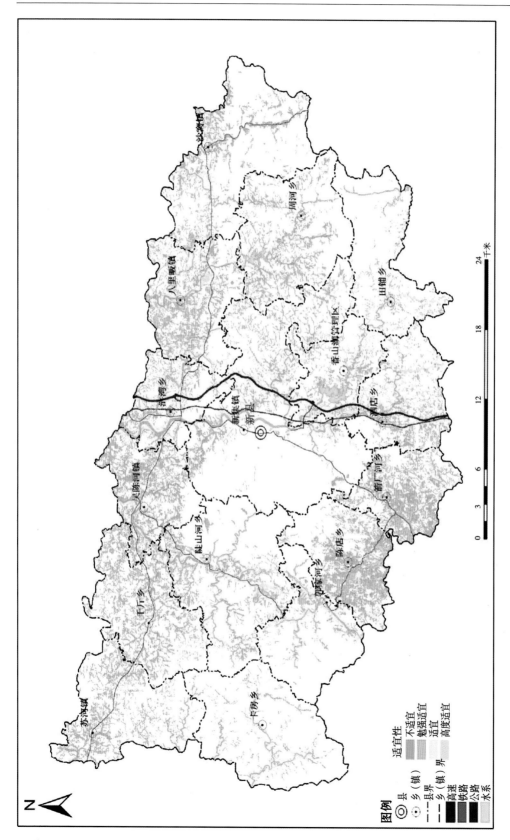

附图4 新县耕地土壤油菜适宜性评价图

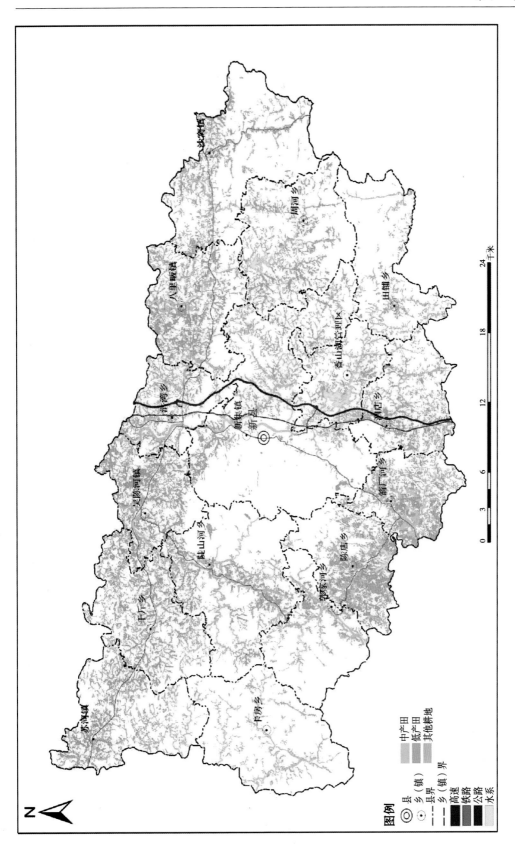

附图 5　新县耕地中低产田分布图

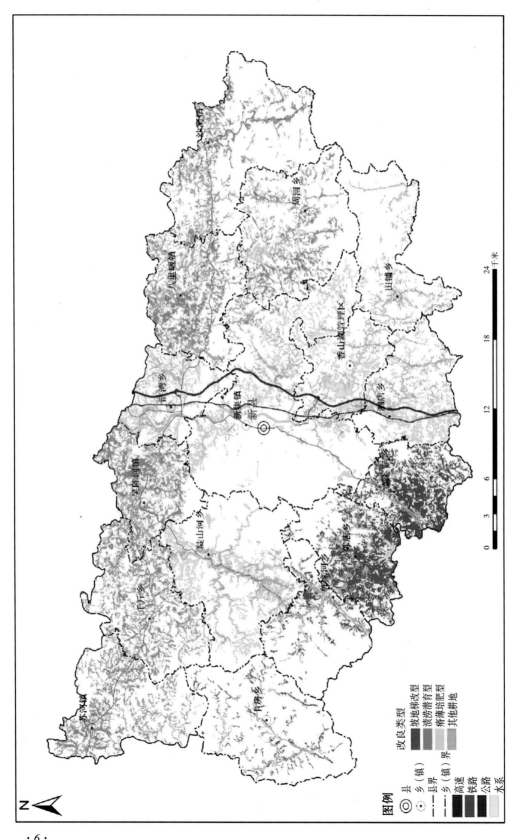

附图6 新县耕地中低产田改良类型分布图

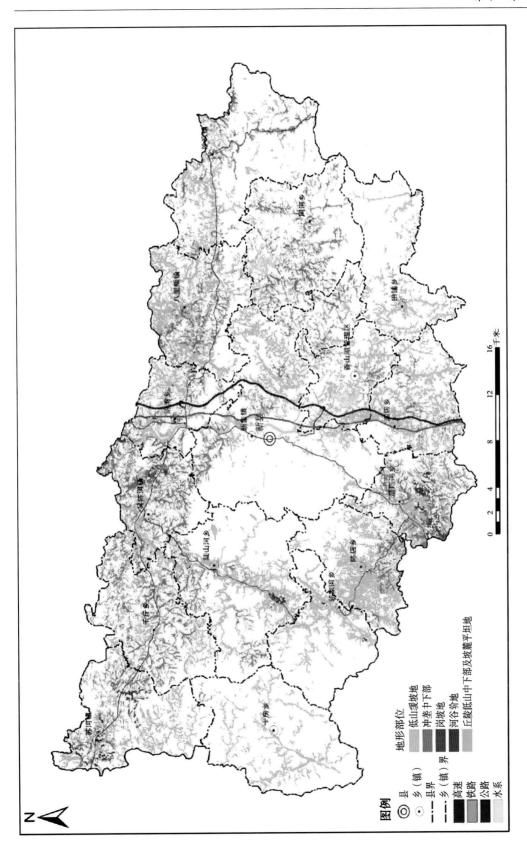

附图 7　新县耕层土壤地形部位类型分布图

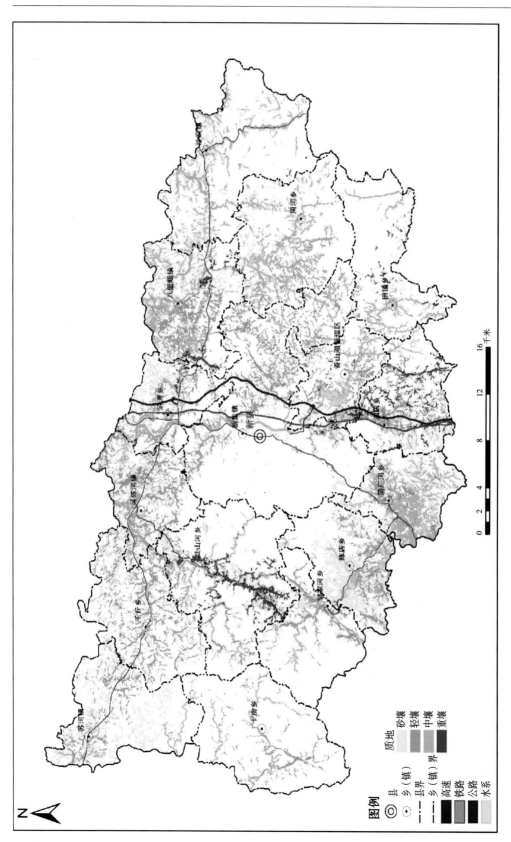

附图 8 新县耕层土壤质地类型分布图

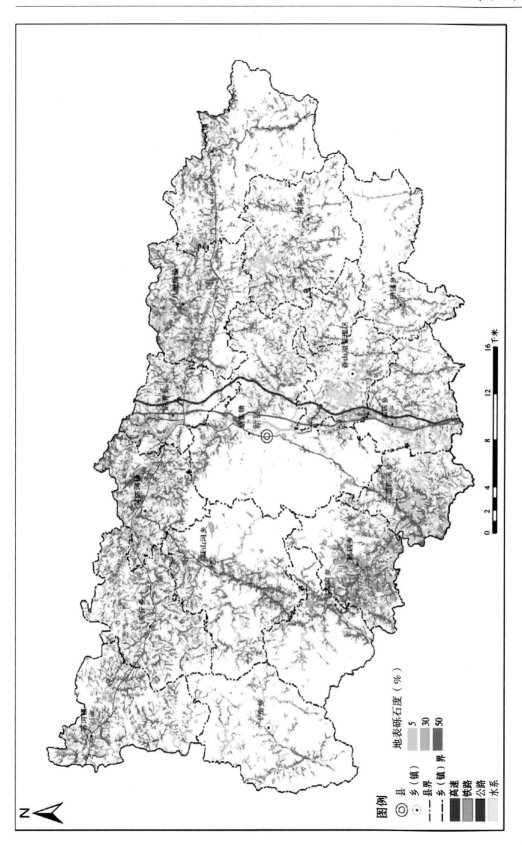

附图 9 新县耕层土壤地表砾石度类型分布图

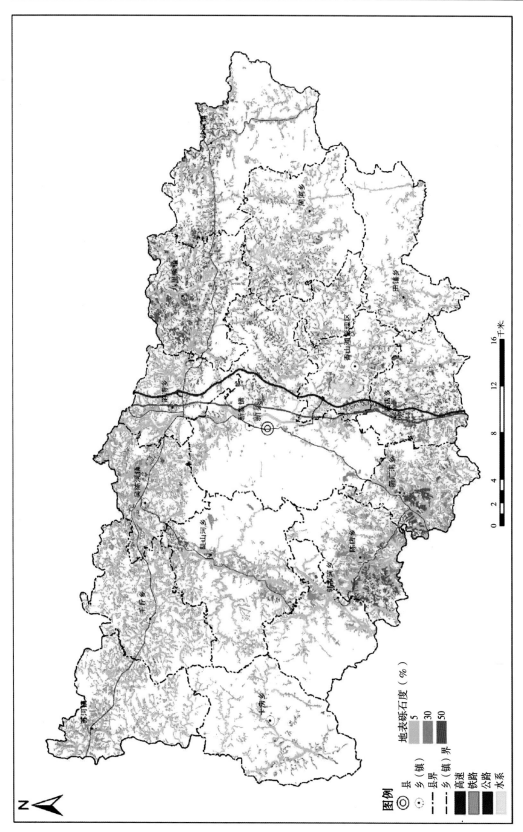

图例

⊚ 县（镇）
⊙ 乡（镇）
—·—·— 县界
—··—··— 乡（镇）界

高速
铁路
公路
水系

地表砾石度（%）

5
30
50

附图 10 新县耕层土壤水型类型分布图

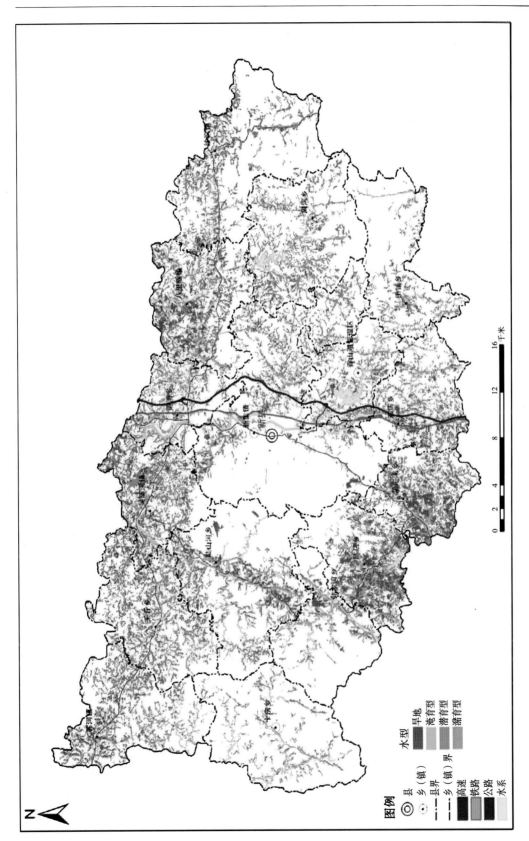

附图 11 新县耕层土壤灌溉保证率类型分布图

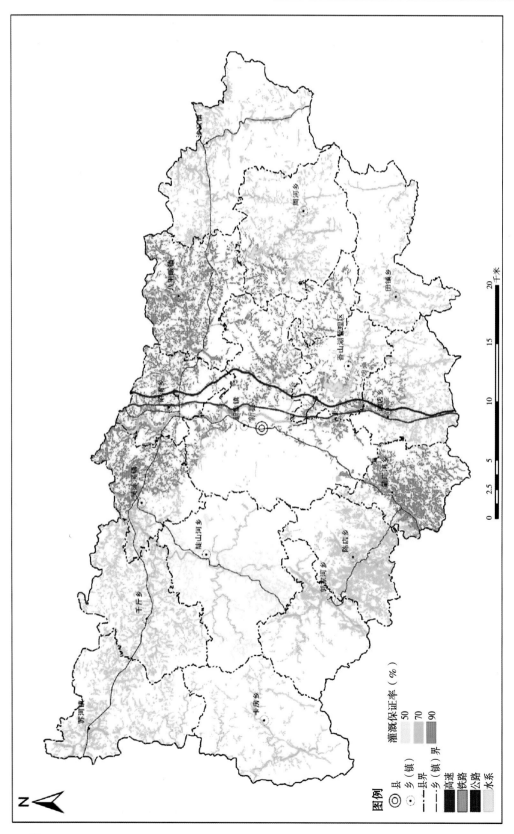

附图 12 新县耕层土壤有效土层厚度类型分布图

图例

◎ 县（镇）
⊙ 乡（镇）
-‥- 县界
--- 乡（镇）界

灌溉保证率（%）
50
70
90

高速
铁路
公路
水系

0 2.5 5 10 15 20
千米

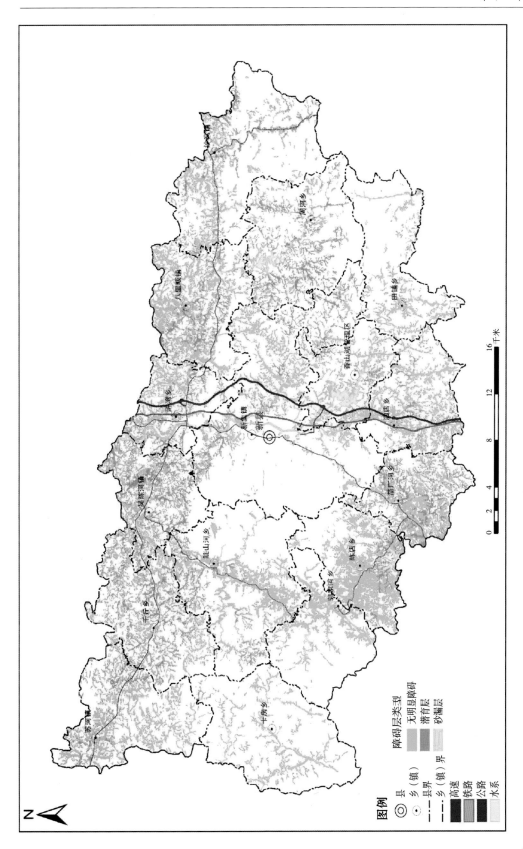

图例

障碍层类型
无明显障碍
潜育层
砂漏层

县（镇）
乡（镇）
县界
乡（镇）界
高速
铁路
公路
水系

0　2　4　8　12　16 千米

附图 13　新县耕层土壤障碍层类型分布图

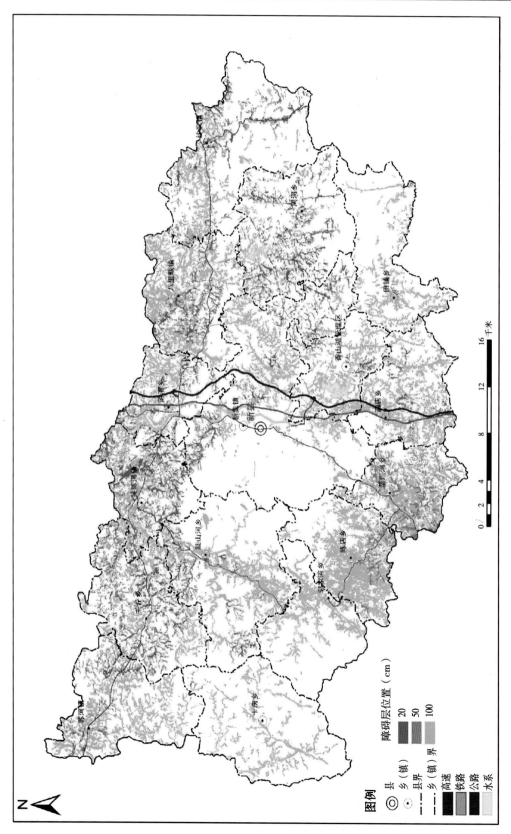

附图14 新县耕层土壤障碍层位置类型分布图

图例

障碍层位置（cm）
20
50
100

县（镇）
乡（镇）
县界
乡（镇）界
高速
铁路
公路
水系

0 2 4 8 12 16 千米

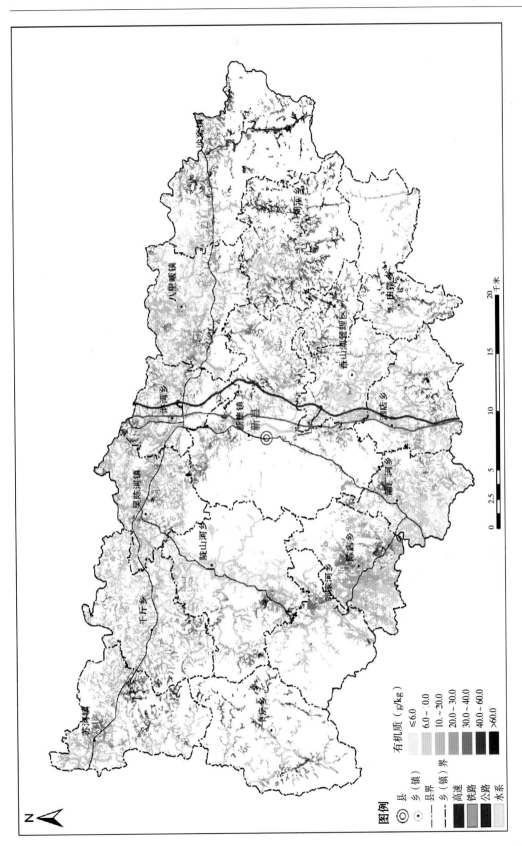

附图 15 新县耕层土壤有机质含量分布图

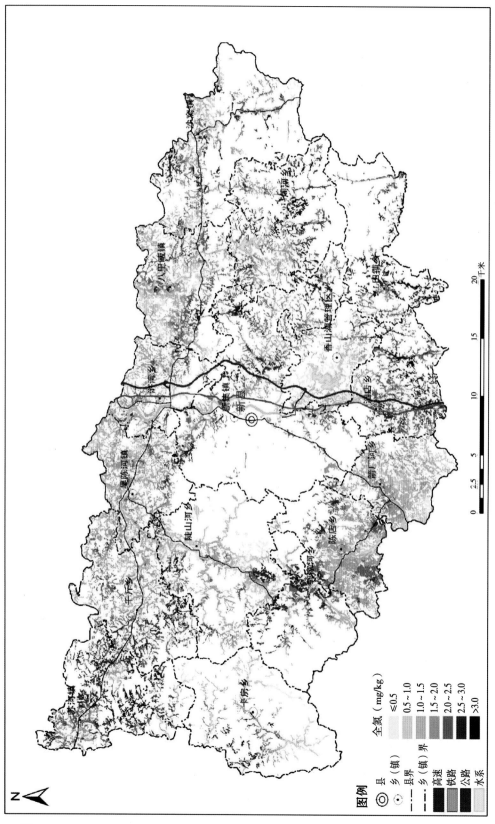

附图16 新县耕层土壤全氮含量分布图

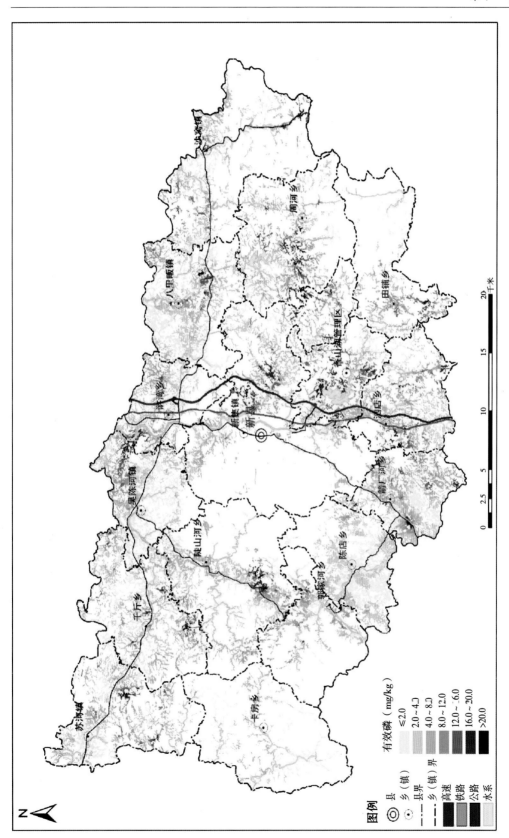

附图 17　新县耕层土壤有效磷含量分布图

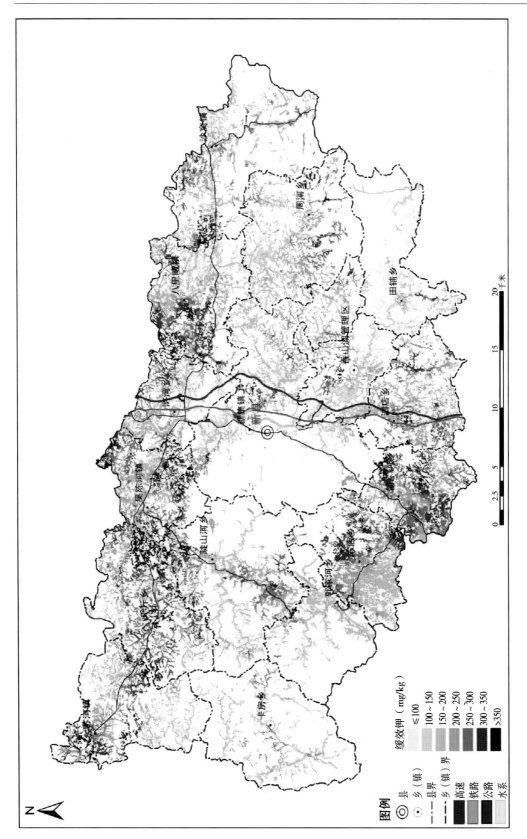

附图 18 新县耕层土壤速效钾含量分布图

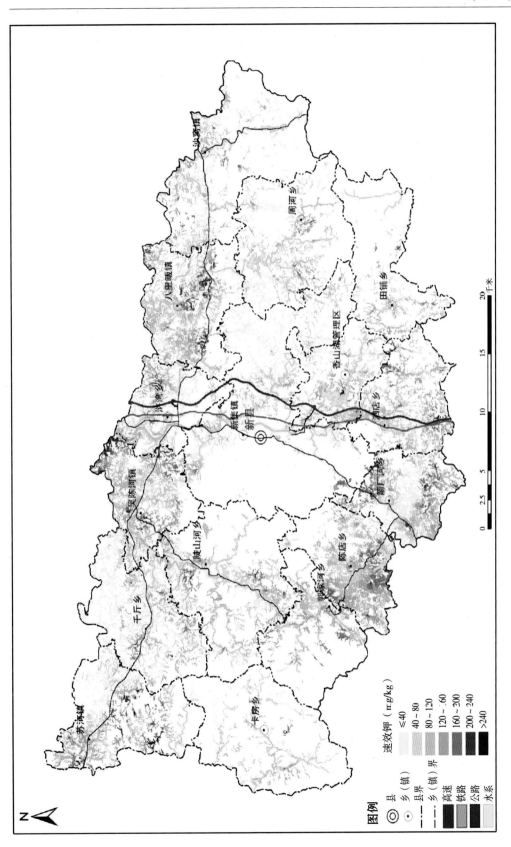

图例

◎	县
⊙	乡（镇）
-·-·-	县界
-··-··-	乡（镇）界

	高速
	铁路
	公路
	水系

速效钾（mg/kg）
≤40
40～80
80～120
120～160
160～200
200～240
>240

0　2.5　5　10　15　20　千米

附图 19　新县耕层土壤缓效钾含量分布图

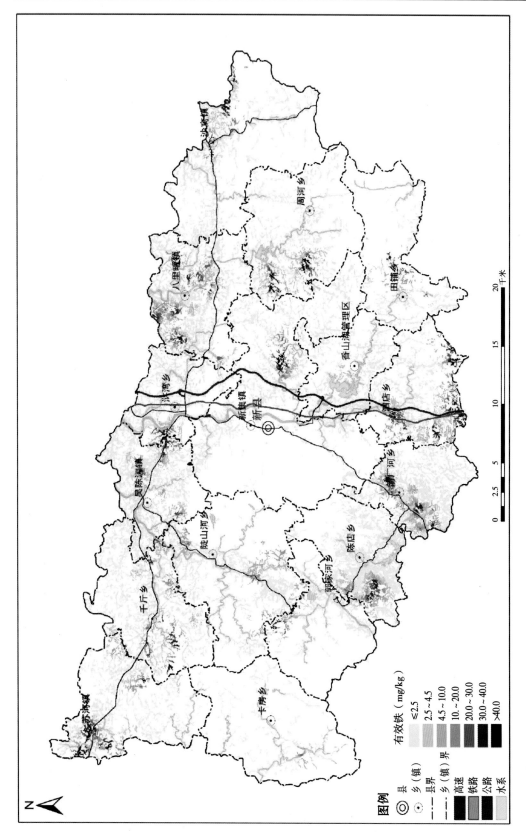

图例

有效铁（mg/kg）
≤2.5
2.5~4.5
4.5~10.0
10.~20.0
20.0~30.0
30.0~40.0
>40.0

◎ 县
⊙ 乡（镇）
县界
乡（镇）界
高速
铁路
公路
水系

附图20 新县耕层土壤有效硫含量分布图

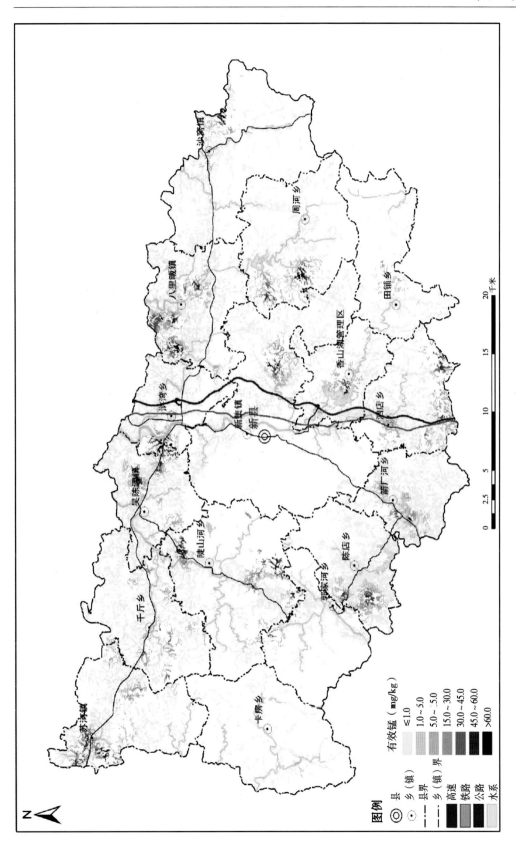

附图 21 新县耕层土壤有效铁含量分布图

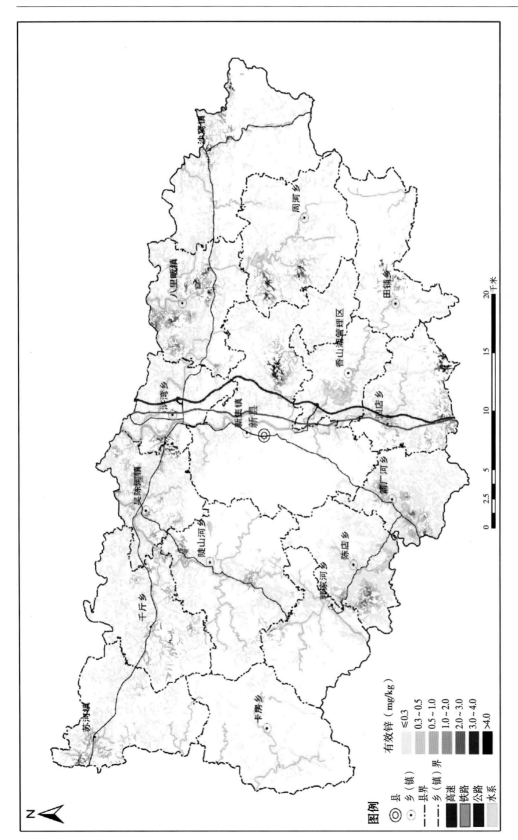

附图 22　新县耕层土壤有效铜含量分布图

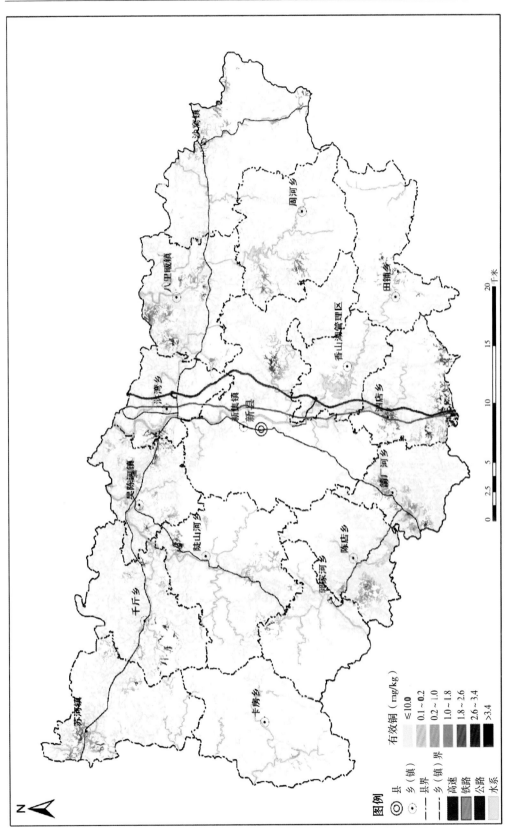

附图 23 新县耕层土壤有效锰含量分布图

图例

◎ 县

⊙ 乡（镇）

— - — 县界

— ·· — 乡（镇）界

高速

铁路

公路

水系

有效铜（mg/kg）

≤10.0

0.1～0.2

0.2～1.0

1.0～1.8

1.8～2.6

2.6～3.4

>3.4

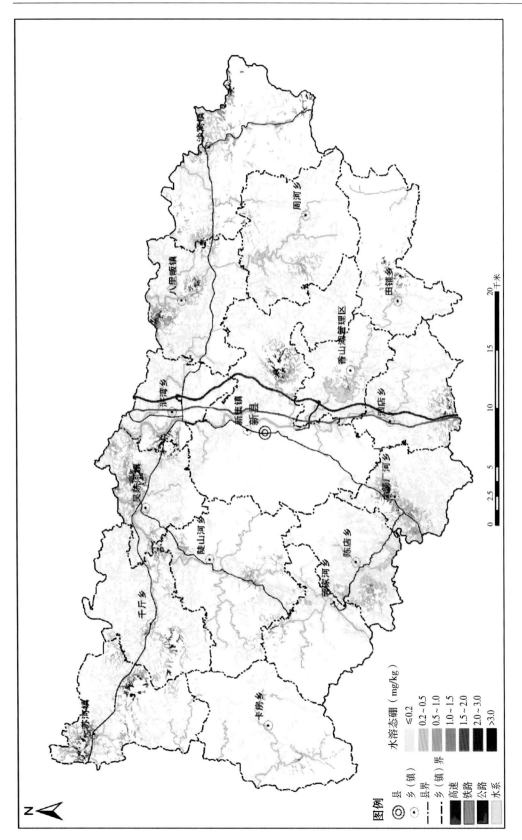

图例

县（镇）
乡（镇）
县界
乡（镇）界
高速
铁路
公路
水系

水溶态硼（mg/kg）
≤0.2
0.2~0.5
0.5~1.0
1.0~1.5
1.5~2.0
2.0~3.0
>3.0

附图24 新县耕层土壤水溶态硼含量分布图

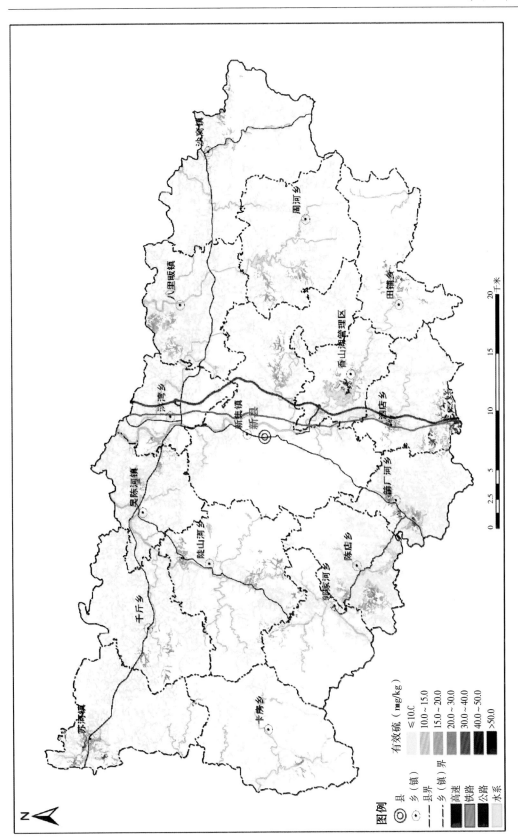

附图 25 新县耕层土壤有效锌含量分布图

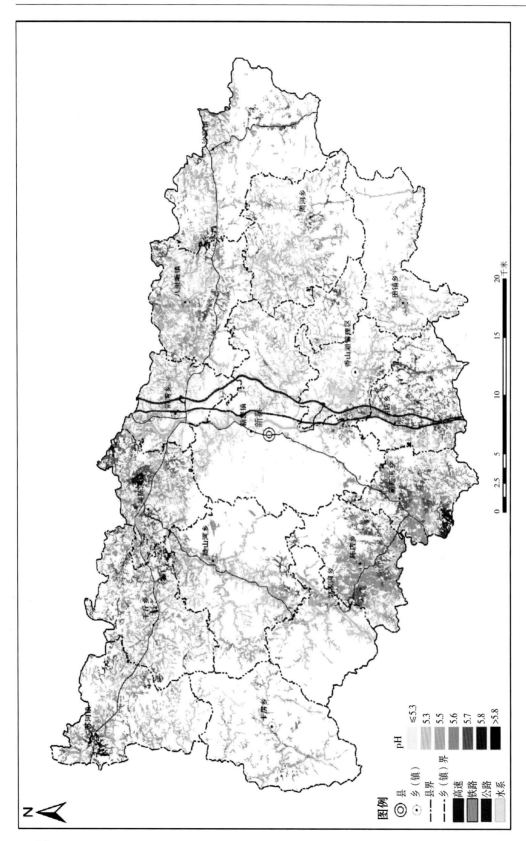

图例

pH
≤5.3
5.3
5.5
5.6
5.7
5.8
>5.8

县（镇）
乡（镇）
县界
乡（镇）界
高速
铁路
公路
水系

附图26 新县耕层土壤pH值含量分布图